东风螺多营养层级
综合生态养殖技术

DONGFENGLUO DUOYINGYANG CENGJI
ZONGHE SHENGTAI YANGZHI JISHU

温为庚　赵　旺　于　刚◎主编

中国农业出版社
北京

《东风螺多营养层级综合生态养殖技术》

本 书 编 写 人 员

主　　编　　温为庚　赵　旺　于　刚

副主编　　杨其彬　王　雨　陈明强

编　者　　温为庚　赵　旺　于　刚

　　　　　　杨其彬　王　雨　陈明强

　　　　　　虞　为　郑忠明　戴世明

　　　　　　邓正华　方　伟　杨　蕊

　　　　　　陈　旭　王智彪

东风螺俗称花螺、海猪螺和南风螺，隶属于软体动物门、腹足纲、蛾螺科，分布于热带、亚热带海域，是肉食性浅海底栖经济贝类，目前已报道的东风螺有 13 种。我国主要有方斑东风螺（*Babylonia areolata* Link，1807）、泥东风螺（*Babylonia lutosa* Lamarck，1822）和台湾东风螺（*Babylonia formosae* Sowerby，1866）3 种，主要分布于东南沿海地区以及东南亚沿海地区。目前，海南养殖种类主要是方斑东风螺。

东风螺肉质鲜美、营养丰富、口感爽脆，广受消费者欢迎，市场需求量大，经济价值高，被认为是 21 世纪最有开发前景的海水养殖优良种类之一。2000 年，我国在广东沿海开展了东风螺人工育苗养殖科研试验。近年来，在我国东南沿海地区尤其是海南地区，方斑东风螺养殖业发展非常迅速。海南省地处热带，是中国唯一的热带海岛省份，气候温暖、光照充足，年平均水温 24℃，适宜东风螺的生长。2022 年，海南省方斑东风螺产量为 1.53 万 t，产值超过 30 亿元，带动当地渔民增收与乡村振兴，创造了良好的经济效益与社会效益。

绿水青山就是金山银山。推进农业绿色发展，是贯彻新发展理念、推进农业供给侧结构性改革的必然要求，是加快农业现代化、促进农业可持续发展的重大举措，是守住绿水青山、建设美丽中国的时代担当，对保障国家食物安全、资源安全和生态安全，维系当代人福祉和保障子孙后代永续发展具有重大意义。为此，中共中央办公厅、国务院办公厅发布《关于创新体制机制推进农业绿色发展的意见》，农业农村部等印发《农业绿色发展技术导则（2018—2030 年）》《关于加快推进水产养殖业绿色发展的若干意见》《"十四五"全国农业绿色发展规划》等重要文件，旨在加快构建水产养殖业绿色发展的空间格局、产业结构和生产方式，推动我国由水产养殖业大国向水产养殖业强国转变。东风螺是海南省贝类养殖的主导品种，其主要养殖方式为陆基水泥池流水养殖，此外也有少量池塘养殖、滩涂养殖。目前，陆基水泥池流水养殖过程中消耗了大量海水资源，养殖尾水对近岸环境存在影响，该养殖模式已无法满足东风螺养殖产业健康发展的需要，亟须构建符合节能减排要求的高效生态养殖模式。

　　基于生态系统水平的多营养层级综合养殖是近年来提倡的一种健康可持续发展的水产养殖模式，由不同营养级生物组成综合养殖系统，系统中一些生物的排泄废物成为另一些生物营养物质的来源，养殖系统中的营养物质得到高效利用的同时也保护了养殖环境，从而达到环境友好型生态高效养殖的目的。20世纪70年代以来，中国开始在海水养殖模式改革和养殖技术创新等方面进行有益的尝试和探索，先后提出并完善了鱼-贝、鱼-虾、鱼-藻、虾-贝、虾-藻、贝-藻等混养模式和鱼-贝-藻和鲍-海带-刺参等多营养层级综合养殖模式，实现了由单纯追求养殖产量向全面优化品种结构和提升产品质量的重大转变，养殖的集约化、规模化和现代化水平逐步提高，海产品质量和效益不断提高。

　　为了适应新时代的发展要求，更好地为我国水产事业服务，为农民服务；同时为了交流经验，笔者基于多年的工作经验和最新科研成果，编写了《东风螺多营养层级综合生态养殖技术》一书。内容涵盖东风螺养殖的诸多方面，尤其是添加其他种类生物，达到吸收氨氮、减少排放的目的。本书内容丰富，图文并茂，可作为水产科技工作者、水产养殖从业人员、东风螺养殖爱好者的参考资料。

　　由于编写时间仓促及笔者水平的局限，书中不妥之处在所难免，恳请广大读者予以指正！

编　者

2023 年于三亚

目录
CONTENTS

第四章
养殖环境及设施

第五章
东风螺育苗

第六章
东风螺养殖

第十章
收获及运输

第十一章
台湾东风螺育苗及其养殖

第十二章
泥东风螺人工育苗及养殖

第一章
东风螺的分类、分布及经济价值

第一节　东风螺的分类和分布

东风螺隶属于软体动物门（Mollosca）、腹足纲（Gastropoda）、前鳃亚纲（Proso-branchia）、新腹足目（Neogastropia）、蛾螺科（Baccinidae）、东风螺属（*Babylonia*），又称花螺、海猪螺和南风螺，分布于热带、亚热带，是肉食性浅海底栖经济贝类，目前已报道的东风螺有 13 种（ALTENA，1981）。我国的主要种类有方斑东风螺（*Babylonia areolata* Link，1807）、泥东风螺（*Babylonia lutosa* Lamarck，1822）和台湾东风螺（*Babylonia formosae* Sowerby，1866）3 种，主要分布于东南沿海地区。目前，海南省养殖种类主要是方斑东风螺。

方斑东风螺（彩图 1）又称花螺、香螺，长卵圆形，螺层约 8 层，各层表面膨圆，缝合线浅沟状，壳面白色，具不规则的近长方形褐色斑块，稚螺—幼螺—成螺—大螺的生长过程中，斑块变化不明显。壳口半圆形，内面白色。外唇弧形，内唇光滑。前沟宽短，U 形。主要分布在广东、广西和海南等地的浅海水域，中国东海、日本沿海和东南亚附近海域也有分布。

台湾东风螺（彩图 2）又称南风螺、黄螺、花螺、波部东风螺，长卵圆形，螺层约 8 层，各层表面稍膨圆，缝合线明显。壳面淡黄色，外被黄褐色壳皮，具不明显的纵行斑块，斑块很不规则。稚螺—幼螺—成螺—大螺的生长过程中，斑块逐渐消失，老龄个体无斑块，具纵行裂。壳口半圆形，前沟宽短。主要分布在浙江、福建、广东、广西和台湾沿海，日本沿海、斯里兰卡沿海也有分布。

泥东风螺（彩图 3）又称黄螺、香螺，长卵形，螺层约 8 层，缝合线明显。壳面白色，外被黄褐色壳皮，部分个体壳可见淡褐色斑块。稚螺—幼螺—成螺—大螺的生长过程中，幼螺和成螺黄褐色明显，老龄个体黄白色。壳口长卵圆形，内面白色。外唇薄，弧形。前沟短，U 形。隐约可见纵行线斑。主要分布在广东、广西和海南等地的浅海水域，中国东海、日本沿海海域也有分布。

第二节　东风螺的价值

一、东风螺的营养价值

东风螺是人类优质的蛋白质来源，肉质鲜美、营养丰富、口感爽脆，是餐桌上的美味佳肴，广受消费者欢迎。海产品又称"海鲜"，一般来说，其鲜美味道分为鲜味和甘味，由食物中的特征氨基酸决定，天冬氨酸和谷氨酸等特征氨基酸决定鲜味，而甘氨酸和丙氨酸决定甘味。

人们在吃东风螺时，感觉其味道非常鲜美，是因为东风螺含有的美味氨基酸总量较高。有关研究表明，方斑东风螺和台湾东风螺中，美味氨基酸总量高达 26.16%，其中鲜味氨基酸 17.35%（许贻斌等，2008）。从表 1-1 可以看出，方斑东风螺的鲜味氨基酸含量低于淡水龙虾、短沟对虾、海湾扇贝和青石斑鱼，高于大瓶螺（*Ampullaria gigas*，俗称福寿螺）。所以，人们感觉东风螺鲜美味道比淡水龙虾、虾类、扇贝和石斑鱼差，但比福寿螺好。

表 1-1　几种水产品美味氨基酸和鲜味氨基酸含量比较

种类	美味氨基酸（%）	鲜味氨基酸（%）
方斑东风螺	26.16	17.35
短沟对虾	30.16	20.02
海湾扇贝	31.22	19.89
青石斑鱼	28.38	19.56
淡水龙虾	29.04	21.18
大瓶螺	21.64	12.88

注：均为养殖产品的肌肉组织。

动物获取蛋白质的唯一途径是食物。人类也必须从食物中获取蛋白质，其被消化、酶解成小分子氨基酸并吸收后，再通过新陈代谢合成人体需要的蛋白质而被利用。从食物所含蛋白质来讲，评价一种食物的优劣，既要看其蛋白质含量，又要看其蛋白质组成。

有关研究资料（表 1-2）表明，方斑东风螺和台湾东风螺相比其他常见的贝类，粗蛋白含量较高，而粗脂肪含量较低。也就是说东风螺是通常说的高蛋白低脂肪食品，能满足人们高质量的饮食习惯。衡量一种蛋白质的优劣，首先看其氨基酸种类是否齐全，其次看其必需氨基酸含量、蛋氨酸和组氨酸的比例。

表 1-2　东风螺和其他经济贝类营养成分比较

种类	水分（%）	营养成分			
		粗灰分（%）	粗蛋白（%）	粗脂肪（%）	糖分（%）
方斑东风螺	74.57	9.30	70.78	4.96	9.87
台湾东风螺	76.65	9.79	69.36	5.25	9.79
三角帆蚌	82.77	5.80	53.98	4.06	34.82
文蛤	84.80	9.86	65.79	7.89	16.45
牡蛎	80.50	8.21	57.95	11.79	22.05
泥蚶	88.90	5.41	72.97	3.60	18.02
缢蛏	88.00	10.83	59.17	9.17	20.83
海湾扇贝	81.27	7.71	67.55	11.75	—

注：营养成分含量为干物质百分比。

许贻斌等（2008）研究了方斑东风螺和台湾东风螺腹足肌的氨基酸组成，从实验结果来看，两种东风螺腹足肌具有高蛋白、低脂肪和高糖的营养特征。按照 FAO/WHO 提出的人体所需氨基酸的组成模式评价食物蛋白质营养价值的高低，如果一种蛋白质或食物中混合蛋白质的必需氨基酸比例配合较好，其含量之比能够达到或接近组成模式的数值，则该食物不仅可以满足人体的生理需要，还能使所有的必需氨基酸都能被充分利用，营养价值也就越高。必需氨基酸具有构成生物体蛋白质并同生命活动有关的特殊的生理功能，是人体不可缺少的营养成分。方斑东风螺和台湾东风螺含有的必需氨基酸高达 25％以上，氨基酸种类齐全，含量比例合理，必需氨基酸含量高于或接近 FAO/WHO 提出的人体所需氨基酸的含量，因此是对人体有益的海产品。

另外，苏天风等（2009）利用气相色谱-质谱技术研究了野生台湾东风螺、方斑东风螺及养殖方斑东风螺软体部和生殖腺脂肪酸组成及其含量。结果表明，这几种螺软体部和生殖腺的 15 种主要脂肪酸中，不饱和脂肪酸（UFA）含量均较饱和脂肪酸（SFA）高，野生台湾东风螺、方斑东风螺及养殖方斑东风螺软体部的 UFA 质量分数分别为 68.22％、67.23％和 76.05％，多不饱和脂肪酸（PUFA）质量分数高，其中二十碳五烯酸（EPA）和二十二碳六烯酸（DHA）质量分数占总脂肪酸的 13.82％～34.22％。

EPA 和 DHA 是鱼油的特征脂肪酸，主要存在于海洋藻类和海产鱼油中，而鱼类油脂中含有的 EPA 和 DHA 是通过食物链从藻类中获取的。东风螺是海洋中为数不多的肉食性贝类，以鱼、虾和其他贝类肉为食。有研究结果表明，无论是养殖东风螺还是野生东风螺，都含有较高的不饱和脂肪酸。特别是养殖的小型东风螺，EPA 和 DHA 的质量分数高达 34.22％。EPA 具有降低胆固醇和甘油三酯的含量、促进体内饱和脂肪酸代谢的作用，进而可降低血液黏稠度，增进血液循环，提高组织供氧而消除疲劳，防止脂肪在血管壁的沉积，预防动脉粥样硬化的形成和发展，预防脑血栓、脑出血、高血压等心血管疾病。DHA 可以起到降血压的功能，并且可以调节人体内血脂和脂蛋白的正常代谢，降低血液黏稠度和血液中胆固醇水平，增加高密度脂蛋白含量，预防心血管疾病的发生。

EPA 和 DHA 有脑黄金之称，一般只要常吃淡水鱼就能满足人体对 EPA 和 DHA 的需要。一些特殊人群，如高血压、高血脂患者，可以多食用东风螺（尤其是小个体）产品。

二、东风螺的经济价值

我国早在 2000 年就已开始方斑东风螺的人工育苗攻关试验，并获得成功。继此之后，广东、福建等省份先后开展方斑东风螺养殖技术研究。2002 年由海南省水产研究所承担实施的方斑东风螺人工育苗与养殖技术研究项目获得成功（该项目荣获海南省科技进步三等奖），为海南省大力推广发展方斑东风螺养殖生产提供了适用的技术支撑。

随着技术的推广，海南省琼海、文昌、临高、儋州、东方、澄迈等 6 个沿海市县 40 家海水养殖场（含公司）先后开展方斑东风螺养殖生产。到 2005 年 5 月底，全省共有 2 万 m³ 水体放养方斑东风螺，产量约 80t，产值超千万元，收到良好的社会效益和经济效益，养殖方斑东风螺成为海南省沿海地区渔民发家致富的新亮点。

目前，海南省养殖的方斑东风螺拥有巨大的国内市场，在国际市场上也崭露头角，出口到日本、韩国以及东南亚国家。海南省曾盛行岸基水泥池养殖东风螺，壳高 0.5～1.0cm 的螺苗，投放密度 1 000 个/m² 左右，养殖 8 个月左右即达上市规格，平均单产 5～8 kg/m²，利润 200～400 元/m²。由于东风螺具有很强的环境适应能力，发病少，养殖成功率大，已成为海南省继对虾、石斑鱼、金鲳之后的主要养殖种类。2020 年，海南省东风螺养殖产量约 1 万 t，产值近 10 亿元。另外，东风螺养殖具有需要的设备简单、投资少、风险小、日常管理技术难度不大、操作简单等优点，近年来，在海南省及我国东南沿海逐步被养殖者接受，并形成生产规模，在很大程度上取代了遭受病害重创的鲍养殖。

参考文献

陈晓婷，林瑜，路海霞，等，2020.4 种石斑鱼肌肉中营养成分分析与评价 [J]．渔业研究，42 (5)：463-472．

李伟青，王颉，孙剑锋，等，2011.海湾扇贝营养成分分析及评价 [J]．营养学报，3 (6)：630-632．

苏天凤，黄建华，江世贵，2009.2 种东风螺软体部和生殖腺脂肪酸组成研究 [J]．海洋科学，33 (1)：21-24．

王广军，孙悦，郁二蒙，等，2019.澳洲淡水龙虾与克氏原螯虾肌肉营养成分分析与品质评价 [J]．动物营养学报，31 (9)：4339-4348．

温为庚，林黑着，牛津，等，2014.野生及养殖短沟对虾主要营养成分比较分析 [J]．营养学报，36 (3)：310-312．

许贻斌，沈铭辉，魏永杰，等，2008.两种东风螺的营养成分分析与评估 [J]．台湾海峡，2 (1)：26-32．

赵东海，王云，张建平，2005.大瓶螺肌肉营养成分分析 [J]．湖北农业科学，5：105-107．

Altena C, Gittenberger E, 1981. The genus *Babylonia* (Prosobranchia Buccinidae) [J]. Zoologische ver-handelingen，188：1-57．

第二章

东风螺生物学

第一节　东风螺生物学习性

一、栖息环境

东风螺一般分布于潮下带数米至数十米水深的海区，不同种类对底质的要求不同。方斑东风螺和台湾东风螺栖息底质以沙质为主，泥东风螺栖息于泥沙底质中。刘德经等（1998）研究福建省长乐沿海台湾东风螺的栖息习性，发现自潮间带的下区至潮下带 60 m 水深，均有台湾东风螺的分布，夏季栖息于 4～20 m 水深，冬季潜伏于 40～60 m 水深的沙泥中。台湾东风螺具有明显的群栖习性，密度最高达 216 个/m^2，由壳高 13.25～59.70 mm 的 1～3 龄群体组成，生物量 5.22 kg/m^2，属于密集居住型的腹足类。在台湾东风螺栖息区，还采到其他底栖生物。而方斑东风螺主要栖息于水深 5～10 m 的沙质海底（陈建华等，2008）。

二、活动习性

东风螺的活动具有昼伏夜出的周期性。白天潜伏在沙泥中，并露出吻管，仅在涨、落潮时稍作移动；夜间四处觅食。它的活动虽属匍匐爬行，但能借助腹足分泌的黏液滑行。刘德经等（1998）研究了体高 43～56 mm 的台湾东风螺，其滑行速度可达 51～72 m/h。室内培养的台湾东风螺幼贝，常爬出水面或伸展腹足倒卧在水面，有时会依靠腹足黏液扩散产生的浮力仰浮于水面。台湾东风螺还具有明显的群体迁移习性。1—2 月水温降到 13 ℃以下，台湾东风螺潜伏在 40 m 以下水深的沙泥中越冬；3—4 月，从深水区迁移到沿岸浅水区觅食生长，表层水温为 12.8～18 ℃；5 月，当水温升到 20 ℃左右时，从水深 15～40 m 处成群迁移到水深 4～20 m 的浅海索饵和交配产卵；11 月以后，当水温下降到 14 ℃左右，逐渐向深水区迁移。

刘德经等（1998）用缢蛏作诱饵，螺笼外分别涂上绿、白、黑、红四种涂料，在 24 h 内诱捕台湾东风螺。结果表明，台湾东风螺昼伏夜出习性突出，夜间的诱捕量（1 190 个）为白天诱捕量（259 个）的 4.6 倍。

三、食性

东风螺的发育、生长经历：受精卵孵化成浮游幼虫，浮游幼虫发育变态成稚螺，最后成长为东风螺成体。东风螺变态前属植食性动物，浮游幼虫阶段摄食单细胞藻类。东风螺发育到 D 形幼虫后就开始摄食亚心形扁藻（*Platymonas subcordiformis*）和角毛藻

（*Chaetoceros* sp.）。冯永勤等（2006）研究发现，方斑东风螺在幼虫阶段摄食牟氏角毛藻（*Chaetoceros muelleri*）比摄食其他单细胞藻类生长速度更快，摄食多种单细胞藻类比摄食单一种单细胞藻类生长速度更快。不同饵料种类饲养方斑东风螺幼虫的生长速度存在显著差异（$P < 0.05$），生长速度顺序为牟氏角毛藻＞湛江叉鞭金藻＞亚心形扁藻＞绿色巴夫藻＞微绿球藻＞小球藻。郑雅友等（2005）认为在浮游幼虫期提供合适充足的单细胞藻类，是方斑东风螺人工育苗成功的关键，用角毛藻、金藻、扁藻、小球藻和微型藻分别作为方斑东风螺浮游幼虫的饵料进行对比试验。结果表明，角毛藻和金藻效果最好，浮游幼虫前期投喂扁藻效果稍差，但可作为后期浮游幼虫的主要饵料；而小球藻和微型藻效果最差，幼虫生长缓慢，变态率几乎为零，不适合作为方斑东风螺浮游幼虫的饵料。从育苗过程的观察和烧杯实验的结果看，角毛藻密度为 $5 \times 10^4 \sim 10 \times 10^4$ 个/mL，能够满足浮游幼虫正常生长发育的需要，若投饵量过大，多余的单细胞藻类则会沉底造成底质的污染。

变态后的东风螺为肉食性动物。稚螺以鱼肉（或蟹肉、虾肉）糜为主食，成螺以鱼、虾、蟹、贝等动物肉类为食。刘德经等（1998）认为台湾东风螺是一种肉食性腹足类，稚螺摄食牡蛎的卵、有机碎屑及原生动物；成体喜食甲壳类、双壳类、鱼类以及藤壶等，且对食物有着明显的选择性，摄食时依靠伸缩的吻吮吸食物。刘永（2006）认为方斑东风螺在自然条件下以海洋动物的尸体为饵料；在养殖条件下由于螺的密度较大，也可以集中捕食活的蟹类和一些低等的底栖生物，如沙蚕等。养殖方斑东风螺的饵料种类主要有新鲜或冰冻的杂鱼、蟹类、贝肉。一般每日投饵 1 次即可，投饵时间为每日的傍晚，饵料投喂量为螺体重的 5%～10%。方斑东风螺能主动觅食，有集中摄食的习性，投喂块状饵料即可。另外，长时间投喂单一品种饵料容易造成方斑东风螺厌食，应注意不同饵料的轮流投喂，以及冰冻饵料和新鲜饵料的轮流投喂。

四、繁殖

不同种类的东风螺的繁殖季节不同，同种东风螺在不同的海区，其繁殖季节也不同。如栖息在广东沿海的方斑东风螺，成熟期和繁殖期在 4—9 月，而福建沿海的方斑东风螺的繁殖季节通常为 6—9 月，海南、广西则提前 1 个月以上。泥东风螺的繁殖期为 3—10 月，繁殖高峰期在 6—9 月。台湾东风螺繁殖季节在 6—9 月，7—8 月为其繁殖盛期。东风螺在繁殖季节，雌雄性可多次交配，多次产卵，交尾时进行体内受精，雌个体年均产卵量为几十万粒。东风螺为雌雄异体，雄性生殖系统由精巢、输精管及附属腺和雄性交接器等器官组成，雌性生殖系统由卵巢、输卵管及附属腺和雌性交接器等器官组成。从外表一般较难区分其性别，可通过解剖检查其生殖腺颜色加以区分，雌性生殖腺呈黑灰色，而雄性生殖腺呈橘黄色或浅黄褐色。受精卵在卵囊内，雌体把卵囊排到水中继续发育。

第二节 东风螺养殖生态学

一、水温

东风螺是变温动物，它的养殖有最高、最低温度和适温范围。超出最高、最低范围，东风螺正常新陈代谢受到破坏；在适温范围内，东风螺代谢旺盛，对呼吸与排泄、运动与摄食、消化与生长、性腺发育与繁殖均产生积极作用。一般来说，东风螺适应温度14～33℃，最适水温23～30℃。温度的高低对胚胎发育的速度也有很大影响，在一定范围内，发育速度与温度成正比，即温度越高，发育越快；温度越低，发育越慢。

在自然条件下，方斑东风螺3—10月生长较快，10月以后生长速度下降。陈建华等（2008）认为，方斑东风螺生长适应水温为18～32℃，最适水温为20～28℃。刘建勇等（2008）认为，方斑东风螺稚螺生存和生长最低和最高临界水温为11℃、35℃，适宜水温为14～32℃，最适水温为26～29℃。适温范围内，稚螺日生长率随着水温升高而增加。也有学者认为，在水温23℃以下时方斑东风螺的摄食量大大减少，20℃以下时方斑东风螺的生长基本处于停滞状态（刘永，2006）。为了保持方斑东风螺的生长速度，养殖期间的水温应尽量保持在24℃以上。方斑东风螺在我国的最北分布地为福建省沿海海域，所以其适应的最低水温应在福建省沿海海域，该海域年最低水温约14℃。

刘建勇等（2008）设计10个温度梯度，探究水温对方斑东风螺稚螺生长和存活的影响。10个温度梯度分别为8、11、14、17、20、23、26、29、32、35℃，每个温度梯度设有3个平行组。水温由控温仪（WMZK-01，上海）控制，温度波动±0.1℃。实验在规格为50 cm×40 cm×35 cm的玻璃水槽中进行，实验海水经过沉淀、沙滤，盐度为22.3～23.4，pH 7.9～8.0。玻璃水槽底部铺0.5 cm厚的细沙，每个玻璃水槽放养平均壳高为1.642 cm的方斑东风螺稚螺30个，每天早、晚各投喂文蛤肉1次，及时清除残饵，视水质情况日换水1/3～1/2，水槽底部的细沙每周清洗1次。实验时间为35 d，观察并统计稚螺的生长和存活情况。在水温为8℃时，方斑东风螺稚螺活力极差，身体分泌大量黏液，反应迟钝，48 h后死亡率超过50%，72 h时全部死亡。水温为11～35℃时，稚螺均能生存，但11℃和35℃时，活力差，摄食量少，身体伏于沙中很少活动，实验结束时成活率分别为19.0%、24.4%，且生长基本处于停滞状态。因此，可以认为方斑东风螺稚螺生存和生长的最高和最低临界水温分别为35℃和11℃。在临界水温范围内，各组的成活率和生长率的统计分析表明，不同水温对方斑东风螺的生存和生长产生了显著影响（$P<0.05$）。水温为14～29℃时，各组的成活率无显著差异，均超过80%，随着温度的进一步升高或降低，成活率显著降低；水温为14～29℃时，日生长率随着水温的升高而增加，并在29℃时达到峰值，为262.5 $\mu m/d$，显著高于26℃时的生长率，26℃时的生长率显著高于23℃和32℃时的生长率，而23℃和32℃时的生长率差异不显著。综合不同水温梯度下稚螺的成活率和日生长率情况，可认为方斑东风螺稚螺生长的适宜水温范围为14～32℃，最适水温为26～29℃（图2-1）。

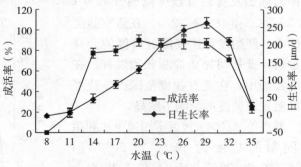

图2-1 水温对方斑东风螺稚螺生长和存活的影响

郑怀平等（2000）采用突变和渐变两种方法分别研究了水温对台湾东风螺胚胎发育的

影响（图 2-2）。结果表明，无论在突变实验还是渐变实验中，温度过高或过低都使得孵化率降低，只有在最适的温度范围内，才有较高的孵化率。突变实验和渐变实验获得的胚胎发育适宜温度范围分别为 21.5～31.0 ℃和 20.0～33.0 ℃，最适温度范围分别为 23.5～30.0 ℃和 21.5～31.0 ℃，后者相应地比前者宽。在适宜温度范围内，突变实验和渐变实验中的胚胎发育速度均随着水温升高而加快，低温明显地抑制胚胎发育，温度过高也使发育速度变慢。吴进锋等（2006）对方斑东风螺和台湾东风螺进行人工繁育试验，结果表明，在水温（23.6±1.1）℃和充气条件下，方斑东风螺的孵化时间为 8 d，台湾东风螺的孵化时间为 7 d；方斑东风螺刚孵出幼体壳长为（482.7±10.6）μm，台湾东风螺刚孵出幼体壳长为（398.2±10.3）μm。在水温（25.2±0.9）℃、培育密度 0.1～0.2 个/mL 时，方斑东风螺幼体壳长增长速度可达 33.6 μm/d，约在第 18 天开始附着变态。

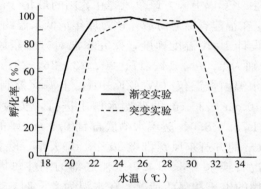

图 2-2 台湾东风螺胚胎孵化率与水温之间的关系

二、盐度

盐度对贝类的影响是多方面的，如贝类的附着力、鳃纤毛的运动以及心脏的跳动等。刘德经等（1998）对台湾东风螺的生态因子进行研究，认为其适应盐度为 14.22～34.34，盐度低于 12.65 或超过 37 时，3 d 后死亡 73.33%～100.00%。郑怀平等（2000）采用突变和渐变两种方法分别研究了盐度对台湾东风螺胚胎发育的影响（图 2-3）。突变实验和渐变实验获得的胚胎发育适宜盐度范围分别为 18.5～31.5 和 16.5～36.0，最适盐度范围分别为 20.5～28.5 和 18.5～32.5。在适宜盐度范围内，胚胎发育速度随着盐度的升高而加快，低盐明显地抑制胚胎发育；在渐变实验中，在适宜盐度范围内，盐度对胚胎发育速度的影响不明显。

罗杰等（2004）报道了用地下水和粗盐配制的盐度为 16.8、20.9、22.3、27.6、30.3、32.9、37.0、40.9 共 8 个梯度的海水进行方斑东风螺卵囊的孵化试验。

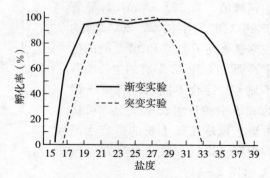

图 2-3 台湾东风螺胚胎孵化率与盐度之间的关系

在盐度为 16.8、20.9 的配制海水中，7 d 后卵囊的孵化率为零。盐度为 22.3，虽然有幼虫孵出，但孵化率很低，只有 7.2%，而且孵化时间延长，第 6 天才观察到少量幼虫孵出，孵化一直持续到第 8 天；盐度为 27.6～40.9 的 5 个系列，第 5 天就有大量的幼虫孵出，第 7 天卵囊孵化基本完成，平均孵化率分别为 53.7%、77.7%、82.1%、82.6% 和 67.8%。可见方斑东风螺卵囊孵化适宜盐度范围在 30.3～37.0，且呈现出耐高盐的倾向，盐度 40.9 时，仍有 67.8% 的孵化率；盐度低于 27.6，孵化率则明显下降（图 2-4）。

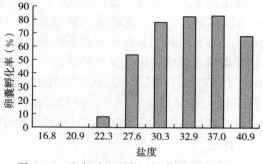

图 2-4 盐度对方斑东风螺卵囊孵化的影响

刘建勇等（2008）设计 10 个盐度梯度，探究盐度对方斑东风螺稚螺生长和存活的影响。10 个盐度梯度分别为 11、14、17、20、23、26、29、32、35、38，每个盐度梯度设 3 个平行组，盐度通过在沙滤海水中加入粗制食盐或曝气自来水得以实现，海水温度为自然水温，20～22 ℃，pH 7.9～8.0，稚螺的规格、数量、培养方法及试验日期同温度试验。盐度为 11～38 时，稚螺均能生存，但在盐度为 11 和 38 时，稚螺的活力差，摄食量少，身体伏于沙中很少活动，实验结束时成活率分别为 11.1% 和 19.0%，且生长基本处于停滞状态。因此，可以认为方斑东风螺稚螺生存和生长的最高和最低临界盐度分别为 38 和 11。在临界盐度范围内，各组的成活率和生长率的统计分析结果表明，不同盐度对方斑东风螺的生存和生长产生了显著影响（$P<0.05$）。盐度为 14～32 时，各盐度组的成活率无显著差异，均超过 80%，随着盐度的进一步升高或降低，成活率显著降低；盐度为 20 时，稚螺有最大的日生长率，为 229.0 $\mu m/d$，但与盐度为 17、23 时的日生长率差异不显著，盐度为 17 时的日生长率与盐度为 23、26 时的日生长率无显著差异，但显著大于盐度为 29 时的日生长率，而盐度为 23、26、29 三组间的日生长率差异不显著，盐度低于 17 或高于 29 时，日生长率均显著降低。综合不同盐度梯度下稚螺的成活率和日生长率情况，可认为方斑东风螺稚螺生长的适宜盐度为 14～35，最适盐度为 17～29。在最适盐度范围内，低盐海水有利于提高稚螺的日生长率（图 2-5）。

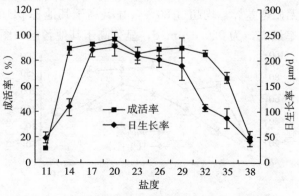

图 2-5 盐度对方斑东风螺稚螺生长和存活的影响

三、pH

海水通常呈弱碱性，pH 通常为 7.5～8.6，许多海产无脊椎动物的胚胎发育所要求的海水 pH 以 8.0 为好。方斑东风螺稚贝在 pH 为 8.0 时有最高日生长率；pH 高于 9.0 或低于 7.0 时日生长率和存活率显著降低。罗杰等（2004）报道方斑东风螺在 pH 6.32 的海水环境中，卵囊在第 3 天开始变白，显微镜下可观察到卵囊里的卵子已停止发育；pH 6.84、7.35、9.76 系列，虽然能够孵出幼虫，但 2 个平行组的平均孵化率都很低，分别只有 6.8%、7.8% 和 11.6%；pH 8.32～9.35，孵化率均在 80% 以上，pH 8.81 则高达93.7%（图 2-6）。可见方斑东风螺卵囊孵化最佳 pH 范围为 8.32～9.35，这与自然海水的 pH 接近。

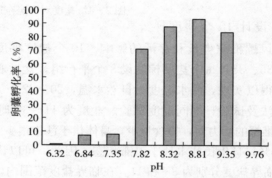

图 2-6　pH 对方斑东风螺卵囊孵化的影响

刘建勇等（2008）设计 7 个 pH 梯度，探究 pH 对方斑东风螺稚螺生长和存活的影响。7 个 pH 梯度分别为 4、5、6、7、8、9、10，每个 pH 梯度设 3 个平行组，不同 pH 的海水用分析纯的 1 mol/L 的 HCl 溶液和 1 mol/L 的 NaOH 溶液调配，充气，直至 pH 稳定，实验期间为保持海水 pH 稳定，每日全换水 1 次。海水温度为自然水温，20～22 ℃，盐度为 22.3～23.4。稚贝的规格、数量、培养方法及试验日期同温度试验。pH 为 4～10 时，稚螺均能生存。各组的成活率和生长率的统计分析结果表明，不同海水的 pH 对方斑东风螺的生存和生长产生了显著影响（$P < 0.05$）。pH 为 7、8、9 时，各 pH 组稚螺的成活率无显著差异，均超过 80%，显著高于其他各 pH 组的成活率；pH 为 8 时，稚螺的日生长率最高，为 220.4 $\mu m/d$，显著高于其他各组（图 2-7）。

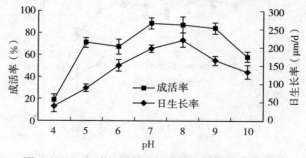

图 2-7　pH 对方斑东风螺稚螺生长和存活的影响

四、底质

杨章武等（2011）为了解方斑东风螺水泥池养殖适宜的底质，在水泥池底铺设不同底质进行对比试验。结果表明：在池底铺沙情况下，添加10％海泥或添加1％的贝壳，不影响方斑东风螺的正常生长与存活，体重、壳高增长速度分别是23.7～25.1 mg/d和105.3～110.4 μm/d，不同池生长、存活无明显差异；底沙添加海泥达到30％时，初期东风螺的生长受到不良影响，但随着换水次数的增加，逐渐趋于正常；池底不铺沙时体重增长速度为10.0 mg/d，仅为其他池的39.8％～42.2％，存活率仅为其他池的65.1％～67.6％。认为东风螺水泥池养殖必须铺沙，底沙可适当含泥，含泥量不高于10％为佳。

刘建勇等（2008）取自然海区潮间带上的海沙用淡水冲洗干净，晒干，采用筛析法将海沙粒径分为100～300 μm、500～700 μm、1 800～2 000 μm 3种规格，分别将3种粒径的沙铺在玻璃水槽的底部制成A、B、C 3种底质，厚度均为0.5 cm，以不铺沙的玻璃水槽为对照组D，每种底质组设3个重复，海水温度为自然水温，20～22 ℃，pH 7.9～8.0，盐度为22.3～23.4，稚螺的规格、数量、培养方法及试验日期同温度试验。不同底质下稚螺的成活率均超过80％，统计分析结果表明不同底质对稚螺的成活率影响不显著（$P>0.05$），而对日生长率有显著影响（$P<0.05$），A、B、C 3种底质下稚螺的日生长率无显著差异，均显著高于D组。可见，池底铺沙与否，对方斑东风螺稚螺成活率无影响，但对其日生长率有显著影响（图2-8）。

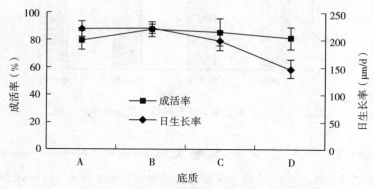

图2-8 底质对方斑东风螺稚螺生长和存活的影响

为确定方斑东风螺饲养过程中适宜的沙粒粒径，叶乐等（2016）研究了工厂化流水养殖系统中沙粒粒径大小对方斑东风螺成活和生长的影响。试验设粗沙组（粒径2.5～3.5 mm）、中沙组（粒径1.5～2.5 mm）、细沙组（粒径0.5～1.5 mm）三个试验组和无沙对照组。结果表明，底沙对东风螺成活和生长有显著影响，养殖成活率由高到低排列顺序为：细沙组＞中沙组＞无沙对照组＞粗沙组；细沙组和中沙组特定生长率较高，均显著高于粗沙组（$P<0.05$），无沙对照组最低，显著低于其他试验组（$P<0.05$）（图2-9、图2-10）。

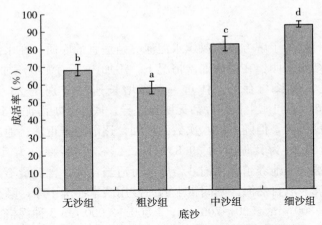

图 2-9 底沙粒径对方斑东风螺养殖成活率的影响

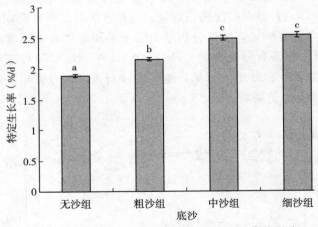

图 2-10 底沙粒径对方斑东风螺特定生长率的影响

参考文献

陈建华，阎斌伦，高焕，等，2008. 方斑东风螺生物学特性及养殖技术［J］. 水利渔业，28（3）：74-75.

冯永勤，陈华兴，王建勋，2006. 饵料种类与密度对方斑东风螺幼虫生长影响的实验研究［J］. 现代渔业信息，21（5）：3-7.

刘德经，肖思祺，1998. 台湾东风螺生态学的初步研究［J］. 中国水产科学，5（1）：93-96.

刘建勇，罗俊标，2008. 几种环境因子对方斑东风螺稚螺生长与存活的影响［J］. 海洋科学，32（7）：15-19.

刘永，2006. 方斑东风螺的养殖技术［J］. 水产养殖，27（1）：22-24.

罗杰，杜涛，刘楚吾，2004. 酸碱度、盐度对方斑东风螺卵囊孵化率和不同饵料对幼虫生长发育、存活的影响［J］. 海洋科学，28（6）：5-9.

吴进锋，陈利雄，张汉华，等，2006.2 种东风螺繁殖及苗种生长发育的比较［J］. 南方水产，2（1）：39-42.

杨章武，郑雅友，李正良，等，2011. 方斑东风螺水泥池养殖不同底质的生长与存活试验［J］. 福建水产，33（2）：29 - 32.

叶乐，赵旺，胡静，等，2016. 底沙粒径对方斑东风螺存活、生长和养殖底质的影响［J］. 琼州学院学报，23（2）：80 - 85.

郑怀平，朱建新，柯才焕，等，2000. 温盐度对波部东风螺胚胎发育的影响［J］. 台湾海峡，19（1）：1 - 5.

郑雅友，杨章武，李正良，等，2005. 方斑东风螺人工育苗技术［J］. 福建水产，23（2）：58 - 60.

第三章

多营养层级综合养殖技术

第一节 多营养层级综合养殖技术概念

传统多种类混养是基于立体利用养殖水体，按照养殖动物生活空间不同进行搭配。如淡水池塘养殖按照上层鱼、中层鱼、底层鱼进行搭配，达到充分利用养殖水体空间、提高养殖产量的目的；海水的鱼虾混养、虾蟹贝混养、鱼虾蟹贝混养、螺参藻混养等。

覃惠明等（2019）报道罗氏沼虾与环棱螺池塘混养模式，以期解决传统池塘养殖面临的低效益和柳州螺蛳粉原料供应问题。试验结果表明，试验池每亩*产罗氏沼虾 223.7 kg、环棱螺 233.5 kg，每亩产值 1.285 1 万元，每亩纯利润 0.378 6 万元，投入产出比1∶1.42，投资收益率 41.77%；对照池每亩产商品鱼 1 895.5 kg，每亩产值 1.934 2 万元，每亩纯利润 0.163 5 万元，投入产出比 1∶1.09，投资收益率 9.23%。采用罗氏沼虾与环棱螺池塘混养技术模式，可利用环棱螺的池塘底部生态净化作用，充分利用罗氏沼虾残存饵料，实现虾螺互利、虾螺产品双丰收，提高罗氏沼虾养殖综合效益，为柳州市螺蛳粉提供优质螺蛳原料。

李建军等（2019）把三疣梭子蟹和中国明对虾、美国硬壳蛤混养。美国硬壳蛤为福建苗，壳体完整、大小均匀、无病无破损，规格在 700 粒/kg 左右，苗种均匀播撒在池塘底面上，投放密度为 5 000 粒/亩。放养美国硬壳蛤苗之后，先后投放三疣梭子蟹和中国明对虾苗，其中三疣梭子蟹为人工选育的"黄选 1 号"Ⅱ期幼蟹，放养密度为 3 000 只/亩；中国明对虾规格 1.0~1.2 cm，放养密度为 6 000 尾/亩。养殖结果：美国硬壳蛤平均产量287 kg/亩，成活率达 87.1%；收获的三疣梭子蟹雄蟹规格 4~7 只/kg、平均产量 33 kg/亩，雌蟹 3.5~5.5 只/kg、平均产量 37 kg/亩，三疣梭子蟹平均成活率 10.32%；中国明对虾规格在 25~35 尾/kg，平均产量 62 kg/亩，成活率 33.2%。

多营养层级综合养殖（integrated multi-trophic aquaculture，IMTA）是近年提出的一种健康可持续发展的水产养殖理念。由不同营养层级的生物组成的综合养殖系统中，投饵性养殖单元（如方斑东风螺）产生的残饵、粪便、氨氮等为其他类型养殖单元（腐食性海参、大型海藻）的营养物质来源。系统内多余的营养物质转化到其他生物体内，达到系统内营养物质的高效循环利用，即养殖系统中一些生物释放或排泄到水体中的废弃营养物

---

* 亩为非法定计量单位，1 亩＝1/15 hm²。

质成为另一些生物的营养物质来源，进而实现养殖系统内物质循环利用、水质调控、生态防病及质量安全控制等目的。养殖系统具有较高的养殖容纳量和经济产出，是一种生态系统水平的适应性管理策略。在减轻养殖活动对环境压力的同时，提高养殖种类经济与环境生态综合效益，促进养殖产业的可持续发展。

当前，多营养层级综合养殖技术模式主要分为海水和淡水两大类。海水模式包括"海水池塘虾蟹贝鱼多营养层级生态健康养殖模式""低盐度鱼虾多营养层级生态养殖模式""斑节对虾与青蟹、黄鳍鲷养殖模式"等；淡水模式包括"池塘分级分批养殖模式""池塘种植和养鱼生态健康养殖模式""华南草鱼多级养殖模式"等。

第二节　多营养层级综合养殖技术原理

一、生态系统

生态系统简称ECO，是ecosystem的缩写，指在自然界的一定的空间内，生物与环境构成的统一整体。在这个统一整体中，生物与环境之间相互影响、相互制约，并在一定时期内处于相对稳定的动态平衡状态。生态系统的范围可大可小，相互交错，每一种生物都要从周围的环境中吸取空气、水分、阳光、热量和营养物质，生物生长、繁育和活动过程中又不断向周围的环境释放和排泄各种物质，死亡后的残体也回归环境。

生态系统的组成成分：非生物的物质和能量、生产者、消费者、分解者，其中生产者为主要成分。无机环境是一个生态系统的基础，其条件的好坏直接决定生态系统的复杂程度和其中生物群落的丰富度。生物群落也反作用于无机环境，生物群落在生态系统中既在适应环境，也在改变着周边环境的面貌。各种基础物质将生物群落与无机环境紧密联系在一起，而生物群落的初生演替甚至可以把一片荒凉的裸地变为水草丰美的绿洲。生态系统各个成分的紧密联系，使得生态系统成为具有一定功能的有机整体。

地球上最大的生态系统是生物圈，最为复杂的生态系统是热带雨林生态系统，人类主要生活在以城市和农田为主的人工生态系统中。生态系统是开放系统，为了维持自身的稳定，生态系统需要不断输入能量，否则就有崩溃的危险。许多基础物质在生态系统中不断循环，其中碳循环与全球温室效应密切相关。生态系统是生态学领域的一个主要结构和功能单位，属于生态学研究的最高层次。

自然界的生态系统大小不一，多种多样，小如一滴湖水、培养着细菌的器皿、小水沟、小水池、花丛、草地，大至湖泊、海洋、森林、草原以至包罗地球上一切生态系统的生物圈。按类型则有水域的淡水生态系统、河口生态系统、海洋生态系统等；陆地的沙漠生态系统、草甸生态系统、森林生态系统等。此外，按由来又可分为自然生态系统（如极地、原始森林）、半人工生态系统（如农田、薪炭林、养殖湖）以及人工生态系统（如城市、工厂、矿区、宇宙飞船和潜艇的载人密封舱）。开展多营养层级综合养殖的东风螺水泥池，可以看作小型的人工生态系统。

二、海参的生物学特性

海参，属棘皮动物门、海参纲，种类很多，全世界有1 100多种。我国有100多种，可食用的有 20 多种，其中经济价值较高的有刺参、梅花参、乌参、乌元参、尖参等，以盛产于黄海、渤海的刺参最为名贵。海参栖息于水深 3~15 m 处，活动能力较弱，多利用管足和肌肉伸缩在海底作缓慢运动。海参主要以其触手摄取底质表层泥沙中的硅藻、海藻碎片、原生动物、贝类的幼贝、桡足类、虾蟹蜕掉的壳、木屑、腐殖质等，其摄食可能是无选择性的。据报道，沉积物中底栖硅藻和微生物是刺参的重要饵料来源，同时，对细菌性饵料的消化吸收程度也相当高。

刺参对温度的耐受范围较广，据实验报道，成体刺参能在水温为 18~32℃的环境下生活，对低温的耐受能力要比高温强，在连续 10 d 全日水温处于 0 ℃以下时，未出现异常，这表明刺参具有相当强的耐寒能力。刺参与多数棘皮动物一样，属于狭盐性动物，1 龄刺参对盐度变幅（7 d）的可适应范围为 20~35，其最适盐度为 26~32。刺参在自然海区多栖息于潮间带下的岩礁乱石与泥滩的结合部，甚至在某些贻贝群落生长处聚集，尤其以礁石的背流较静且隐蔽处和海藻、海草丛生处为多，与东风螺水泥池养殖环境相似。

杨蕊等（2019）报道，玉足海参具有耐高温、适盐性广、摄食能力强等特点，主要摄食海底沉积物中的细菌、有机碎屑和底栖硅藻等，在海底担当着泥沙搬运工和清道夫的角色。利用海参净化底质的特性，在东风螺养殖池中投入玉足海参 2 个/m² 进行生态混养（彩图 4），可充分利用养殖池有机碎屑，改善养殖环境，显著降低底沙中总氮、总磷及有机碳的含量，去除率分别达到 40.8%、41.4% 和 37.9%。于宗赫等（2012）通过玉足海参与凡纳滨对虾（*Litopenaeus vannamei*）混养，改变了养殖系统的营养盐结构，降低了沉积物中有机质、硫化物及水体氨氮的含量，对对虾生长及存活具有明显的促进作用。叶乐等（2016）在方斑东风螺工厂化养殖中混养不同密度的玉足海参，可显著改良养殖底质，底沙总氮、总磷的含量随海参密度的增加呈下降趋势。

三、混养案例

近年来，在海参研究中，国内外专家提出一种生态、健康、可持续发展的海水养殖理念——多营养层级复合养殖。该养殖方式实现了养殖系统中营养物质在不同营养级生物间的传递、再循环和利用，降低了生态和环境压力。海参和海胆是我国的两个重要海珍品和增养殖种类。海胆为杂食性生物，摄食量大，生长快，主要以海藻为食，但对海藻的利用率较低，海胆粪便中仍然有很大比例的有机物质未被利用。海参通过摄食触手抓取有机碎屑等作为食物，不能直接食用大型海藻，但可以利用海胆粪便。海藻、海胆、海参处于不同的营养级，建立海藻、海胆、海参的复合养殖模式，将促进养殖系统中营养物质在不同营养级生物间的传递和有效利用，提高海域利用效率。

王虹等（2020）报道了海参与海胆混养的适宜比例和饵料系数，建立海藻海胆海参复合养殖模式，并于旅顺浅海海区浮筏养殖大型海藻、底播海胆和海参苗种，分析综合养殖的效果。结果显示，海胆生长效果与海参和海胆重量比例显著相关，海参与海胆重量比例越大，海胆生长速度越快，但海参的生长与海参和海胆重量比例无明显关系。试验中还观察到，海参与海胆重量比例达到 2∶3 时，初期海胆粪便基本被海参完全利用，随着试验持续进行，海胆生物量增长远快于海参，海胆产生的粪便量大于海参的摄食需求。另外，在海区中综合养殖海胆海参，海参饵料不仅有海胆粪便，还有有机碎屑、单细胞藻类等，所以海参的初期生物量比例可适量增大。综合考虑，海参与海胆混养体系中，海参比例越高，海胆生长越好，且饵料系数越小；海藻浮筏养殖区脱落海藻、流藻和海胆粪便及有机碎屑等可满足底播海胆海参饵料需求。

杨彤（2017）研究了海参和凡纳滨对虾混养的效果，结果发现，海参通过其自身进食特性，吸收了养殖海水中大量的残渣及对虾粪便，极大地降低了水体中污染物的含量，并排出大量的有机元素，对对虾的生长有极大的帮助，同时也有利于水底生态环境的稳定及营养物质的循环。

于宗赫等（2012）在室内条件下进行了玉足海参与凡纳滨对虾的混养实验，分析了单养与混养两种条件下养殖水体营养盐结构以及底质成分的变化，测定了对虾与海参的存活率与生长性能。结果显示，混养海参可以明显改变养殖系统的营养盐结构，可使水体中的磷酸盐和硝酸盐浓度有所提高，同时也可有效地控制系统中氨氮浓度；混养海参也可以大幅度地降低沉积物中有机质和硫化物含量，实验结束时混养组硫化物含量为（7.71±1.33）mg/kg，仅相当于单养组浓度的1/3；混养海参对对虾生长及存活具有明显的促进作用，其中混养组对虾体长特异增长率为（0.69±0.13）%/d，显著优于单养组（0.45±0.06）%/d，混养组对虾成活率可达72.5%±22.9%，显著高于对照组55.0%±17.5%。在混养系统内，对虾不会对海参的生存造成负面影响，海参能够有效地选择摄食和利用沉积物中的营养物质（对食物中有机质的同化率可达36.36%±13.79%），并以较快的速度生长。结果表明，在对虾养殖系统中混养玉足海参具有明显的环境与经济效益。

对虾养殖过程中氨氮主要来源于两个方面：①养殖生物代谢；②残饵与粪便分解。由排泄实验可知，对虾与海参主要的代谢产物都是氨氮。因此，实验过程中混养组生物向水体中排泄的氨氮总量必然高于对照组；同时，海参的摄食与同化作用能够有效地清除对虾产生的残饵、粪便，并将其中的氮以海参生物量增长的形式进行固定，其生物扰动作用也会提高沉积物与水界面的氧通量，加速氨氮的氧化，因而混养海参可减少沉积物向水体中释放氨氮的量。当后者的作用大于前者时，整个养殖系统表现为氨氮总产生量的降低。

海参属于典型的沉积食性动物，可大量摄食沉积物中的有机物、细菌以及死亡生物碎屑等颗粒物，养殖动物的残饵、粪便（甚至海参自己的粪便）均能为其生长提供营养。近年来，海参的环境调控功能受到国内外学者的普遍重视。研究表明，对虾养殖产生的沉积物中含有大量的营养物质，可作为海参良好的食物来源。海参通过强大的摄食作用清除养殖过程中产生的残饵和粪便，从而减少系统中污染物的含量，并可以通过埋栖作用对沉积物进行生物扰动，这对底栖生境多样性的稳定和营养物质的循环等有着积极的意义。

网箱养殖产生的固态废物常沉积于水底，使网箱下方底质中N、P、C等含量和耗氧量明显增加，进而导致底质化学特性、底层浮游生物和底栖动物群落结构发生改变；而溶解态营养物则直接作用于养殖区域，使网箱区N、P、C及浮游植物数量增加，水体透明度降低，导致养殖水域水质恶化。在养殖海区，沉积物中较高的有机质含量常常能供养更多的大型底栖生物，导致更强烈的生物扰动作用。早在20世纪初，就有学者仔细观察了海参群体的习性，并估算了其消耗的海底沉积物。玉足海参是广泛分布在中国南海一带海域的海参，其沉积食性可被用于处理网箱养殖沉积物。

彭鹏飞等（2012）报道了综合利用玉足海参和半叶马尾藻处理网箱养鱼沉积物的研

究。玉足海参的活动能扰动网箱底层沉积物，显著增加海水中 $NH_4^+ - N$、$NO_2^- - N$、$NO_3^- - N$、$PO_4^{3-} - P$、TN、TP 和 Chl-a 的浓度。半叶马尾藻在生长过程中大量吸收海水中的 $NH_4^+ - N$、$NO_2^- - N$、$NO_3^- - N$ 和 $PO_4^{3-} - P$，使水体中 TIN、$PO_4^{3-} - P$、TN 和 TP 的浓度显著降低（$P < 0.05$），并且半叶马尾藻自身得到显著的生长，平均生长率为 0.99 g/d。此外，半叶马尾藻不仅能抑制海水中浮游微藻的生长，也能抑制沉积物中微型藻类的繁殖，这对抑制和延缓网箱养殖区赤潮的暴发有积极意义。综合玉足海参的释放作用和半叶马尾藻的吸收作用，对处理网箱养殖沉积物有一定的应用价值，同时，这两者的协同使用有利于维持小型养殖水体 pH 的稳定。

四、大型海藻的生物学特性

大型藻类能吸收养殖动物释放到水体中的营养盐，转化为藻类自身生物量，同时兼具产氧、固碳、调节水体 pH 等作用。大型海藻作为生物滤器的利用始于 20 世纪 70 年代，近年逐步建立了海藻与鱼、虾、贝及更多种类的多营养层级综合养殖模式。基于大型藻类的 IMTA 模式越来越受到国内外学者的重视，养殖大型海藻是净化养殖废水、控制水域富营养化、提高海域利用率和保护生态环境的有效措施。

养殖生物代谢活动会产生大量的硝酸盐、氨氮、磷酸盐等代谢产物，残饵、粪便等也会造成水体中营养盐质量浓度增加，养殖尾水若不经处理直接排放，会导致近岸海域有机质污染、水体富营养化。养殖大型海藻对水体富营养化的修复是一种安全可靠且具良好经济效益的原位生物修复方法。大量研究表明，江蓠属（*Gracilaria*）、海带属（*Laminaria*）、紫菜属（*Porphyra*）、石莼属（*Ulva*）、裙带菜属（*Undaria*）等大型海藻生长可有效吸收水体中过剩的 N、P 等营养盐，改善水体富营养化状况。温珊珊等（2008）对真江蓠进行了分析，藻体 N、P 含量分别为 4.645% 和 0.548%，表明每吨（干重）真江蓠可以从海区中除去 46.5 kg N 和 5.5 kg P，可见大型海藻对于海区的生态环境具有非常显著的修复效果。

（一）江蓠

江蓠为红藻门（Rhodophyta）、真红藻纲（Florideae）、杉藻目（Gigartinales）、江蓠科（Gracilariaceae）、江蓠属（*Gracilaria*）的统称。本属有近 100 种，我国有龙须菜（*G. sjoestedtii*）、江蓠（*G. verrucosa*）、芋根江蓠（*G. blodgettii*）、脆江蓠（*G. chouae*）、凤尾菜（*G. eucheumoides*）和扁江蓠（*G. textorii*）等 10 多种。

江蓠为暖水性大型藻类，常用于东风螺多营养层级综合养殖系统中，热带、亚热带及温带都有分布，热带和亚热带海区分布的种类更多。自然生长的数量以阿根廷、智利沿海最多，其次为巴西、南非、日本、中国及菲律宾沿海，印度、马来西亚及澳大利亚沿海也有一定数量。中国主要产地在南海和东海，黄海较少。

江蓠藻体内充满藻胶，含胶达 30% 以上，是制造琼胶的重要原料之一，广泛应用于工、农、医业，作为细菌、微生物的培养基。沿海群众用其胶煮凉粉食用，也直接炒食。煮水加糖服用，具有清凉、解肠热、养胃滋阴的功效。

江蓠富含膳食纤维，占江蓠藻体的 50%～60%，蛋白质含量高，一般在 2% 以上，且必需氨基酸含量高、配比合理，脂肪含量低，在 2.5% 以下，但其中高度不饱和脂肪酸含量高，矿物质成分和维生素含量丰富。因此，江蓠是一种高膳食纤维、高蛋白、低脂肪、低热能且富含矿物质、微量元素和维生素的天然优质保健食品原料，将江蓠加工成各种保健食品具有重大开发价值和市场前景。

江蓠藻体呈圆柱形、线形分枝，藻体直立，丛生或单生。分枝疏密不等，互生、偏生或分叉，基部稍有缢缩（这是鉴定江蓠不同种类的特征），枝的顶端尖细或钝圆。每株基部为小盘状固着器，边缘整齐或呈波形。主枝较分枝粗，直径一般 0.5～1.5 mm，大的可达 4 mm，株高 10～50 cm，高的可达 1 m，人工养殖的更高。藻枝肥厚多汁易折断，颜色红褐色、紫褐色，有时带绿或黄，干后变为暗褐色，藻枝收缩。

江蓠的生活史分孢子体和配子体两个世代，配子体又分雌、雄两种，3 种藻体的外形相似。孢子体成熟时（即成藻藻体）由皮层细胞形成许多呈十字分裂的四分孢子囊，每个孢子囊中有 4 个孢子。孢子放散出来便萌发成配子体。雄配子体成熟时，由藻体皮层细胞形成精子囊窠，内有许多精子囊，精子从藻体放散出来后游离到雌配子体上，使果胞受精，发育成囊果，突出于藻体表面。囊果也称果孢子体，内有许多果孢子，果孢子放散出来萌发成长为孢子体。江蓠多固着在潮间带或低潮线附近石块、沙砾、贝壳及碎珊瑚上生长。内湾的生长密度较大，藻体肥大且色深；外海也有生长，藻体较短小，色较浅。

江蓠（还有其他大型藻类，如麒麟菜、马尾藻等）的生长需要从水体中吸收氮、磷等营养盐，可降低水体的氮、磷含量，这一特性已被应用于现代绿色养殖模式（彩图 5）。

（二）麒麟菜

麒麟菜（*Eucheuma denticulatum*）隶属于红藻门、红藻纲、杉藻目、红翎菜科、麒麟菜属。藻体圆柱形或扁平，紫红色，具刺状或圆锥形突起。有分枝，多轴型，营养繁殖。基部有盘状固着器。热带和亚热带海藻，分布以赤道为中心并向南北延伸，生长在珊瑚礁上，在我国见于海南岛、西沙群岛及台湾等地沿海。近似种琼枝和珍珠麒麟菜已成为人工栽培的主要种类。富含胶质，可提取卡拉胶，供食用和作工业原料。

琼枝（*Betaphycus gelatinae*）隶属于红藻门、红藻纲、杉藻目、红翎菜科、琼枝藻属。在海南，民众将其称为"菜仔"，与另一种被称为"菜母"的江蓠属海藻——凤尾菜外形非常相似。琼枝是生产卡拉胶的重要原料之一，含有丰富的多糖，主要由半乳糖组成，同时还含有少量的葡萄糖、木糖、塔罗糖和艾杜糖等，在食品、医药、日化及其他科研领域有着极为重要的应用价值。琼枝晒干后，全藻可入药。由于琼枝具有很高的经济价值，国内外市场需求量大。目前，世界上琼枝主要来源于海南省，且大部分为野生种。由于采捞过度，以及采捞过程中对珊瑚礁的破坏，野生琼枝的资源日益减少。

琼枝藻体表面光滑，扁圆到扁平，肥厚多汁，软骨质。藻体颜色可以随养殖环境的不同而改变，但大多数为紫红或黄绿色，腹面多数为紫红色，夏季有些藻体还会呈现黄色。藻体呈团块状，直径 10～25 cm，平卧于生长基质上，有不对称的背腹面，不规则对生、互生或叉状分枝，偶有羽枝。分枝扁平，宽 3～5 mm，厚 1～2 mm，向四面伸展，分枝上或小枝顶端有圆盘状固着器，在藻体的腹面较多，可以附着在珊瑚或其他固体上，分枝基部稍有缢缩，也会互相附着在一起而呈愈合现象。

琼枝为印度洋—西太平洋热带性海藻，在我国主要产于海南岛、东沙群岛以及台湾的澎湖列岛；在国外主要分布于菲律宾、日本、印度尼西亚等。主要生长于低潮线附近的碎珊瑚上，深可达低潮线下 2～4 m，但以低潮线下 1 m 处生长最为旺盛，也有少数生长在阴暗的石缝中。藻体的再生能力很强，采捞后残存的基部仍能继续生长。琼枝的适宜生活条件为：水温 25～30 ℃，海水的相对密度 1.020 以上。

基于麒麟菜和琼枝的生活环境及生物学特性，也常用于东风螺多营养层级综合养殖。

五、多营养层级综合养殖技术介绍

多营养层级综合养殖技术模式体现了物质循环高效转化的理念。螺-参-藻多营养层级综合生态养殖系统是由环境和不同营养层级生物共同组成的和谐共生的统一体，主要是基于养殖生物的生态学特征和池塘的养殖容量进行物种合理搭配，除了东风螺是投饵性主养物种外，还增加了腐食性海参、藻类和微生物等不同营养层级生物，利用物种间的食物网关系实现物质、能量的有效循环利用，不仅维护了良好的水池养殖环境，也减少了富营养化养殖尾水的排放。2020 年，农业农村部启动实施水产绿色健康养殖技术推广"五大行动"，多营养层级综合养殖技术模式作为九大模式之一，被列入《2020 年生态健康养殖模式推广行动方案》。

任何可持续的水产养殖系统都应该具有较低的环境影响，以及较高的社会效益和经济效益。Gouranga 等（2020）发现添加牡蛎的综合养殖系统池水中叶绿素 a 含量显著降低（$P < 0.05$）。蛤、鲍、海藻（大型藻类石莼和龙须菜）应用于养殖系统，有助于提高水产养殖业的可持续性、灵活性和盈利潜力（Neori et al.，2019）。

马佳莹等（2016）认为大型海藻是一类常见的海洋水生植物，是海洋生态系统中重要的初级生产者之一，其在生长过程中通过光合作用的方式，大量吸收海水中过剩的 N、P 等营养元素，同时释放 O_2 补充海水的溶解氧，调节海水 pH，有效维持海洋生态系统的平衡。大型海藻对富营养化水体的修复作用主要表现为对 N、P 营养盐的吸收利用，以及对赤潮藻类植物生长的抑制。在富营养化水体中，大型海藻可吸收过剩的 N、P，以合成自身所需的营养成分，而对大型海藻的收获可以将营养盐从海水中移走。此外，大型海藻与赤潮藻之间存在一定的营养盐竞争和相生相克关系，可以抑制赤潮藻的生长，加速赤潮藻的消亡，从而起到减少甚至防止赤潮发生的作用。王晓艳等（2020）的研究表明，向养殖珍珠龙胆石斑鱼的水体中投入江蓠后，水体氨氮、亚硝态氮、总氮、总磷质量浓度均有下降趋势，且能在 10 d 左右将各项指标维持在较低水平。

杨蕊等（2019）为探讨养殖模式对方斑东风螺生长及养殖系统主要环境因子的影响，开展方斑东风螺与玉足海参、细基江蓠的多营养层级综合养殖实验。结果显示，细基江蓠、玉足海参与东风螺混养可显著促进东风螺的生长，养殖成活率提高 10.42%，养殖产量提高 28.48%，饵料效率提高 3.21%；江蓠对养殖水体中氨氮、亚硝态氮有较好的净化作用，吸收率分别为 60.2%、62.4%；玉足海参对养殖底沙中总氮、总磷、有机碳的去除率分别为 40.8%、41.4%、37.9%，显著改善养殖底沙环境；整个养殖过程中，养殖水体弧菌、底沙弧菌和东风螺体内弧菌密度均未出现较大波动。

氨氮、亚硝态氮是水产养殖中重要的水质指标，有效控制氨氮、亚硝态氮的含量对水产动物的生长、存活具有重要的意义，混养组与单养组养殖水体的亚硝态氮、氨氮和底沙的总氮、总磷及有机碳等环境因子均呈现随养殖时间的增加而升高的变化趋势，单养组变化曲线相对陡峭，而混养组曲线相对平缓。整个养殖期间，混养组的主要环境因子指标均低于单养组。随养殖时间的增加，两组间差异逐渐增大，养殖120 d和150 d时，两组间差异达显著（$P<0.05$）或极显著水平（$P<0.01$）。与单养组相比，150 d时混养组对水体亚硝态氮、氨氮的吸收率分别为62.4%、60.2%，对总氮、总磷、有机碳的去除率分别为40.8%、41.4%、37.9%（图3-1）。

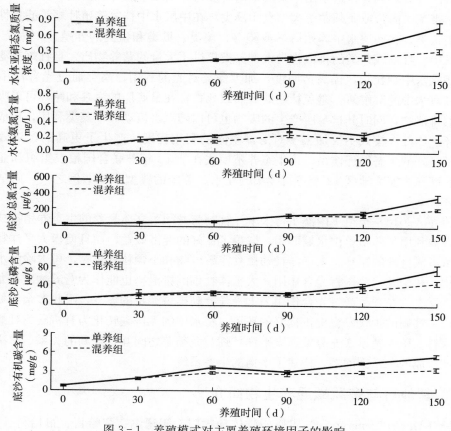

图3-1　养殖模式对主要养殖环境因子的影响

菊花心江蓠原产于中国台湾，适合在高温季节养殖，适宜生长温度为20～35 ℃，在热带海区能安全度夏，苗种也容易获得，在水体相对稳定的养虾池或养鱼池内能快速生长，且易操作，成本低，对于营养盐的吸收利用效果十分明显，目前在福建沿海滩涂池塘大量养殖，北方沿海大型海藻的滩涂池塘养殖到目前尚未有成功的例子。牛化欣等（2006）通过陆基围隔探讨了菊花心江蓠对中国明对虾养殖环境的净化作用。虾的放养密度为32尾/m²，混养不同放养密度的江蓠（120、240、360、480g/m²）。经90 d的养殖，水质分析结果表明，在相同的环境条件和管理方式下，各处理组NH_4^+的含量明显低于对照组（$P<0.01$），总磷和叶绿素 a 的含量也低于对照组（$P<0.05$）。因此，混养江蓠可以改善对虾养殖池塘水质条件。

孙桂清等（2015）报道了海湾扇贝与龙须菜综合养殖模式，扇贝适宜养殖密度为

22.5～25个/m²，养殖笼内密度为45～50个/层。试验模式比对照模式海湾扇贝单产增加1 020kg/hm²，增加了17.35％，平均增产龙须菜9 000kg/hm²，经济效益、生态效益及社会效益显著。发展多营养层级综合养殖不仅可以达到高效、持续生产的目的，还可有效控制近海海域富营养化，改善海域环境，是由掠夺性开发海洋资源的传统渔业向资源节约型、环境友好型及可持续发展的现代渔业转变的重要途径，也是今后我国乃至世界的发展方向。

毛玉泽等（2018）报道了山东荣成桑沟湾多营养层级生态养殖模式，即在表层水中挂绳养殖裙带菜、海带或龙须菜等大型食用藻类，在中层水中挂笼养殖牡蛎等滤食性贝类或网箱养殖鱼类，在底层水中养殖海参或鲍等，藻类、贝类和鱼类的养殖比例为7∶2∶1。在该模式中，牡蛎或鱼类的排泄物为大型藻类提供了大量的营养物质，且牡蛎有滤水的作用，可滤除水中颗粒物，提高透明度，加大藻类对光的利用；藻类通过光合作用产生氧气，提高海水中的溶解氧，避免牡蛎缺氧而致死亡；在最底层的海参和鲍等可以吸收牡蛎和鱼类的排泄物，同时其自身所产生的废物也可以随海水流动而被藻类利用，形成完整的生态循环。IMTA模式不仅加大了对海洋空间的利用程度，产生了更高的经济效益，而且形成了良好的生态循环体系。该生态养殖模式在2016年被联合国粮农组织和亚太水产养殖中心网作为亚太地区12个可持续集约化水产养殖的典型成功案例之一，向全世界进行了推广。

罗茵等（2018）报道了南澳实行太平洋牡蛎与龙须菜立体套养的生态养殖模式，该模式不仅有效利用了养殖单位水域面积，取得了良好的经济效益，而且使得太平洋牡蛎和龙须菜养殖形成良性的循环。太平洋牡蛎摄食浮游生物和小颗粒有机物，可去除海水中的大量悬浮物，利于龙须菜进行光合作用，太平洋牡蛎的排泄物也能作为营养物质被龙须菜吸收转化；反之，龙须菜通过光合作用为太平洋牡蛎提供充足的氧气，吸收多余的氮和磷等营养盐，为牡蛎的生长发育提供良好的环境，将水中的无机碳转化为有机碳为牡蛎壳的生长提供原料。该养殖模式充分发挥太平洋牡蛎与龙须菜之间互补互利的关系，解决了海域单一养殖造成的一系列问题，构建了平衡的生态系统。

六、其他可与东风螺混养生物简介

文蛤（*Meretrix meretrix*）隶属于软体动物门、瓣鳃纲、帘蛤目、帘蛤科、文蛤属。文蛤营养丰富，肉味鲜美，有"天下第一鲜"的美誉，是我国滩涂养殖的传统种类之一。文蛤养殖投资少、成本低、产量高、效益好，是一个值得推广的优势养殖种类。文蛤适应能力强，肉质鲜美，是经济价值高的双壳类，主要分布于渤海湾、莱州湾、辽东湾及江苏、广西沿海，是我国主要的滩涂经济贝类之一，亦是我国名、特、优水产增养殖种类，深受国内外消费者的欢迎，在海洋水产品出口创汇中占有重要位置。文蛤贝壳背缘呈三角形，腹缘呈圆形，两壳大小相等。贝壳表面膨胀，光滑，被有一层黄褐色光滑似漆的壳皮。壳面花纹随个体差异甚大：小型个体的贝壳花纹细致、清晰、典雅，花样多端；大型个体则较为恒定，通常在贝壳近背缘部分，有呈褐色的锯齿状或波纹状的花纹。贝壳内面白色，前后缘有时略呈紫色。文蛤是埋栖型贝类，喜欢生活在河口附近含沙较多的海滩里，含沙量在70％以上较为适宜。文蛤一般将身体埋栖在沙滩的表层，天暖时伸出斧状足活动，天冷时多移向深水或隐匿在较深的沙层中。

栖息深度随水温和个体大小而异：冬季时规格 2～3 cm 的文蛤潜居深度为 6～8 cm，而规格 4～6 cm 的文蛤潜居深度则为 12 cm 左右；夏季高水温期，文蛤栖息在不到 1cm 深的滩涂表层。气候稳定、温暖时，文蛤伸缩其足作活泼运动；寒冷时则潜入泥沙中，潜泥深度一般为 5～25 cm。文蛤为广温性半咸水贝类，对低盐度海水有一定的适应性，其幼苗对低相对密度海水的适应性更强些。适宜生活水温 10～30 ℃，适应海水相对密度在 1.014 0～1.024 0。文蛤耐干燥能力较强，耐干强弱程度与温度及个体大小有关，大个体比小个体文蛤耐阴干能力强。文蛤是滤食性软体动物，依靠自身的出入水管道行呼吸与摄食。涨潮时，文蛤将出入水管伸出沙面，利用海水通过鳃小孔的机会达到呼吸与摄食的目的；退潮后，文蛤才把水管缩回壳内。文蛤以微小的浮游（或底栖）硅藻为主要饵料，间或摄食一些浮游植物、原生动物、无脊椎动物幼虫以及有机碎屑等。文蛤属低等动物，对摄食的种类没有选择性，颗粒大于口径的通过出吻管排出。东风螺养殖池中有约 10 cm 沙层，有残渣、残饵供文蛤摄食，二者适宜生存的水温、盐度近似，可以混养。

裸体方格星虫（*Sipunculus nudus*），又称光裸星虫，俗称沙虫，隶属于星虫动物门、方格星虫纲、方格星虫目、管体星虫科、方格星虫属。它的形状很像一根肠子，呈长筒形，体长约 20 cm，且浑身光裸无毛，体壁纵肌成束，每环肌交错排列，形成方块格子状花纹。裸体方格星虫虽然不如海参、鱼翅、鲍名贵，但味道鲜美脆嫩，为海参、鱼翅所不及。裸体方格星虫生长在沿海滩涂，因为对生长环境的质量十分敏感，一旦环境被污染则不能成活，因而有"环境标志生物"之称。栖息地为沙泥底，潜入底质洞居生活，摄食时吻端伸出体表，以触手激水并捕食底栖硅藻及有机碎屑沉积物。裸体方格星虫对栖息底质有选择性，亲体暂养时对不同底质类型适应的实验观察表明，星虫最易在中细沙质底质潜入生活，其次为泥质沙、沙质泥、泥。在中细沙（粒径 0.5～2.0 mm）底质蓄养时间最长，不投饵情况下，存活时间可达 122 h。中细沙底质是暂养星虫较适宜的栖息底质，这与沙底质有较大的透气性以及星虫的潜底掘洞行为习性有关。

在海南有不少的沿海，滩涂广阔，水质良好，沙质底或沙泥质底，尤其适宜裸体方格星虫的生长，裸体方格星虫分布广泛，其主要分布区在临高马袅和儋州光村一带沿海滩涂。根据观察，儋州光村和临高马袅一带沿海，裸体方格星虫独自穴居于沙质或沙泥质滩涂，深度为 10～40 cm，以底栖硅藻和有机碎屑为食。这一带沿海的裸体方格星虫的生长环境：水温在 10～32 ℃，海水相对密度在 1.015～1.022，pH 7.8～8.3，海水干净，无环境污染。裸体方格星虫适宜的生活环境和东风螺类似，可以混养于东风螺养殖池。

参考文献

陈学洲，李健，高浩渊，等，2020. 多营养层次综合养殖技术模式 [J]. 中国水产，10：76 - 78.

李建军，潘元潮，2019. 美国硬壳蛤池塘混养技术 [J]. 养殖与饲料，10：54 - 55.

罗茵，方琼玫，2018. 太平洋牡蛎与龙须菜互利，共享美丽南澳海区 [J]. 海洋与渔业（2）：44 - 46.

马佳莹，戴家伟，胡芳露，等，2016. 大型海藻对富营养化海水养殖区的修复 [J]. 农村经济与科技，27（11）：6 - 7.

毛玉泽，李加琦，薛素燕，等，2018. 海带养殖在桑沟湾多营养层次综合养殖系统中的生态功能 [J].

生态学报，38（9）：3230－3237.

牛化欣，马甡，田相利，等，2006. 菊花心江蓠对中国明对虾养殖环境净化作用的研究［J］. 中国海洋大学学报（自然科学版），36（增刊）：45－48.

彭鹏飞，胡超群，于宗赫，等，2012. 玉足海参和半叶马尾藻净化网箱养殖沉积物的初步研究［J］. 海洋环境科学，31（3）：316－322.

覃惠明，罗福广，黄杰，等，2019. 罗氏沼虾与环棱螺池塘混养技术试验［J］. 养殖与饲料，3：11－15.

孙桂清，赵振良，穆珂馨，等，2015. 龙须菜与海湾扇贝多营养层次综合养殖技术研究［J］. 河北渔业，12：27－30.

王虹，张喜昌，刘剑波，2020. 浅海海藻海胆海参复合养殖模式与效益分析［J］. 河北渔业，12：27－30.

王晓艳，李宝山，王际英，等，2020. 江蓠和四角蛤蜊对珍珠龙胆石斑鱼封闭养殖水体水质的净化作用［J］. 烟台大学学报（自然科学与工程版），34（2）：186－193.

温珊珊，张寒野，何文辉，等，2008. 真江蓠对氨氮去除效率与吸收动力学研究［J］. 水产学报，32（5）：794－803.

杨蕊，吴开畅，于刚，等，2019. 养殖模式对方斑东风螺生长及主要环境因子的影响［J］. 水产科学，38（5）：610－615.

杨彤，2017. 玉足海参与凡纳滨对虾的混养效果［J］. 农民致富之友，21：76.

于宗赫，胡超群，齐占会，等，2012. 玉足海参与凡纳滨对虾的混养效果［J］. 水产学报，36（7）：1801－1807.

Gouranga B，Prem K，Ghoshal T K，et al. ，2020. Integrated multi-trophic aquaculture（IMTA）outperforms conventional polyculture with respect to environmental remediation，productivity and economic return in brackishwater ponds［J］. Aquaculture，516：10－20.

Neori A，Guttman L，Israel A，et al. ，2019. Israeli-developed models of marine integrated multi trophic aquaculture（IMTA）［J］. Journal of Coastal Research，86（1）：11－20.

第四章

养殖环境及设施

第一节　养殖环境

一、场地环境

东风螺养殖场选址自由度较大，但是，一般应位于规划的水产养殖区，海水清澈，面向大海的海区沿岸，地势平坦，受台风影响较小，通信、交通便利，淡水、电力供应充足，海水水源底质以沙质或礁质为好，引水距离较短，易于建设供水设施，水源不受河口淡水影响，盐度稳定在 25 以上。

场地环境符合《无公害食品　海水养殖产地环境条件》（NY 5362—2010）的"产地选择"要求：养殖场应是不直接受工业"三废"及农业、城镇生活、医疗废弃物污染的水（地）域，具有可持续生产能力；产地周边没有对产地环境构成威胁的污染源（包括工业"三废"、农业废弃物、医疗机构污水及废弃物、城市垃圾和生活污水等）。在生产过程中加强管理，注意保护环境。合理利用水资源，提倡养殖用水循环使用。在醒目位置设置标识牌，注明场地名称、面积、范围和防污染措施等。东风螺为食用海产品，应远离上述污染源，以防止污染物在螺体内富集，确保食品安全。

例如，国家贝类产业技术体系三亚综合试验站东风螺核心示范区参照上述规范选址，既符合当地政府用地规划要求，又保证养殖产品不受污染、无药物残留，确保食品安全，多次经当地政府抽样，委托第三方检验，结果合格。

二、水环境

依据学者对方斑东风螺的生物学研究结果，其适宜生长的水温为 18～32 ℃，盐度 23～33，pH 7.5～8.6。笔者在万宁、琼海、文昌调研时发现：这些水质指标在上述范围内，东风螺活动、生长正常；超出该范围，东风螺行为异常，包括停止摄食、不能钻沙甚至不能保持形态学正立状态等。分别论述如下。

（一）水温

水生动物生存环境的温度（水温）会影响其新陈代谢及活动。在适温范围内，代谢旺盛，对呼吸与排泄、活动与摄食、消化与生长、性腺发育与繁殖等均产生积极的影响；超出该范围，正常新陈代谢就会受到破坏。

吴进锋等（2006a）对方斑东风螺和台湾东风螺进行人工繁育试验，结果表明：在水温（25.2±0.9）℃、培育密度为 0.1～0.2 个/mL 时，方斑东风螺幼体壳长增长速度可达 33.6 μm/d，约在第 18 天开始附着变态，变态时壳高为（1 323.9±118.6）μm。在水温（26.5±0.7）℃、培育密度为 2 100 个/m² 时，方斑东风螺稚贝壳高增长速度为 210 μm/d。在水温（25.2±0.9）℃、培育密度为 0.1～0.2 个/mL 时，台湾东风螺幼体壳长增长速度为 25.3 μm/d，约在第 16 天开始进入附着变态，变态时壳高为（955.5±74.4）μm。在水温（26.5±0.7）℃、培育密度为 2 100 个/m² 左右时，台湾东风螺的稚贝壳高增长速度为 200 μm/d。在适温范围内，水温增加 1 ℃，方斑东风螺和台湾东风螺稚贝生长速度加快约 10 倍。

吴进锋等（2006b）报道，在水温为 24.0～27.5 ℃、培育密度为 0.10 个/mL 左右时，台湾东风螺幼虫壳长增长速度可达 18.1 μm/d，中后期生长逐步加速，成活率为 60% 以上，平均附着变态时间为 22 d，最快为 16 d。采用无沙采苗及稚贝培育法，在水温 25.1～26.5 ℃、培育密度为 2 000～2 100 个/m² 时，由壳高 1.3 mm 长至 5.5 mm，其壳高增长速度为 220 μm/d，成活率为 29.5%。

在万宁山根东风螺核心示范场，笔者参照《方斑东风螺多营养层级综合养殖技术规范》草稿的温度范围，避开冬天养殖东风螺稚螺，遇到低温天气，用塑料薄膜覆盖池面保温。多年来，均能保持平均单产约 10 kg/m²，效益显著（表 4 - 1）。

表 4 - 1　水温对东风螺生长、存活的影响

水温范围（℃）	存活率（%）	生长率或收获情况	数据来源
14～32	80.0	150 μm/d	刘建勇等，2008
18～32	75.0～90.0	41 mg/d	贝类站山根基地，2018
18～32	80.0	养殖 8 个月，104 个/kg	王智彪养殖场，2018
18～32	75.0～90.0	养殖 8 个月，108 个/kg	琼海椰林镇调查，2018

（二）盐度

盐度表示每千克海水中所含的溶解性盐类物质的量，可以理解为水中盐的浓度，是影响海洋生物生存的最直接的环境因子之一，是研究、分析海洋生物生理活动的关键指标。

几十亿年来，来自陆地的大量化学物质溶解并贮存于海洋中，如果海洋蒸发干，析出的盐将会覆盖整个地球达 70 m 厚。根据测定，海水中含量最多的化学物质有 11 种，即钠、镁、钙、钾、锶等 5 种阳离子，氯、硫酸根、碳酸氢根（包括碳酸根）、溴和氟等 5 种阴离子和硼酸分子，其中排在前三位的是钠、氯和镁。海水中化学物质的多寡，通常用盐度来表示。海水的盐度是海水含盐量的定量量度，是海水最重要的理化特性之一，它与沿岸径流量、降水及海面蒸发密切相关，盐度的分布变化也是影响和制约其他水文要素分布和变化的重要因素，所以海水盐度的测量是海洋水文观测的重要内容，也是海洋生物养殖的关键内容。

地球上盐度最高的海域是红海，盐度在 36～38；盐度最低的海域为波罗的海，盐度只有 7～8。

影响海水盐度的主要因素：①降水量与蒸发量的对比关系。降水量大于蒸发量，则盐度较低。②有暖流经过的海区盐度较高，有寒流经过的海区盐度较低。③有大量淡水注入

的海区盐度偏低。④海区形状越封闭，盐度就会越趋向于更高或更低。

消化酶在生物体消化过程的化学反应中起催化作用，其活力的高低直接影响动物对营养物质的吸收和利用，从而影响生物的生长。柯才焕等（2005）探讨了不同盐度（22、25、28、31、34）对方斑东风螺主要消化器官（胃、肠、肝）中的蛋白酶、淀粉酶和脂肪酶等 3 种消化酶活力的影响，以期为方斑东风螺消化生理、配合饲料研制和养殖生态条件的确定提供基础资料。研究结果表明：在盐度 22～34 范围内，胃、肠、肝三个器官的蛋白酶活力都随着盐度的增高而呈现先升高后降低的变化趋势。肝蛋白酶和肠蛋白酶活力在盐度 25 时有最大值，分别为 2.197 8 U/mg 和 0.470 5 U/mg，而胃蛋白酶活力在盐度 28 有最大值 0.566 1 U/mg。胃、肠、肝三个器官的脂肪酶活力也都随着盐度的增高而呈现先升高后降低的变化趋势，且在 28 时有最大值，分别为 0.421 9 U/mg、0.600 2 U/mg、0.765 1 U/mg。胃、肠、肝三个器官的淀粉酶活力随着盐度梯度的变化趋势与脂肪酶相似，同样在 28 时有最大值，分别为 2.777 0 U/mg、2.759 5 U/mg、1.645 5 U/mg。综合分析认为，方斑东风螺对食物消化吸收的最适盐度范围在 25～28（表 4-2）。

表 4-2　盐度对东风螺消化酶活力或生长、存活的影响

盐度范围	存活率（%）	生长率或收获情况	消化酶活力	数据来源
14～32	80.0	170 μm/d		刘建勇等，2008
≤10 或≥40	0.0			赵旺等，2019
23～33	80.0	养殖 8 个月，104 个/kg		王智彪养殖场，2018
25～28			活力最大	柯才焕等，2005
20～30			胃蛋白酶活力最高	赵旺等，2019

赵旺等（2019）用方斑东风螺（平均质量 0.392 g/个）做急性盐度 [5、10、15、20、25、30（对照）、35、40、45、50] 胁迫试验，观察其行为结果：盐度 5 和 10 试验组在 6 h 时出现爬壁减少、行动缓慢、逐渐翻背，在 24 h 时全部死亡，死亡状态为螺肉向螺壳外翻，吻管向外凸出，螺肉惨白僵硬；而盐度 40 和 45 试验组在 6 h 时出现翻背现象，盐度 45 的试验螺 24 h 时全部翻背，死亡率为 10%，48 h 时全部死亡；盐度 50 的试验螺在 12 h 时全部死亡，死亡螺在高盐度组的状态为螺肉皱缩于螺壳中；其他盐度组试验螺生活良好，仅有个别螺出现翻背现象。对照组随着时间的延长，从一开始运动活跃到最后爬壁减少、行动迟缓，这可能是由饥饿造成的。该试验结果表明，方斑东风螺存活的最低和最高临界盐度分别为 15 和 40，最适盐度为 30～35。

在上述急性盐度胁迫试验的基础上，赵旺等（2019）以盐度 30 为对照组，以盐度 15、20、25 和 40 为试验组，探究盐度胁迫对方斑东风螺 3 种消化酶活性的影响。

盐度胁迫对方斑东风螺胃蛋白酶活性影响的试验结果表明，随着时间延长，不同盐度下的方斑东风螺的胃蛋白酶活性变化整体一致，除盐度 40 试验组外都呈钟形，白天降低，夜晚升高，此波动可能与昼夜节律有关。在 36 h 时对照组胃蛋白酶活力最高，达到10.238 U/mg；盐度 40 试验组变化趋势与对照组相比有差异，在 6～12 h 时呈现下降趋

势，最高质量浓度出现在 6 h，为 5.436 U/mg，72 h 后又呈现出上升趋势（图 4-1）。

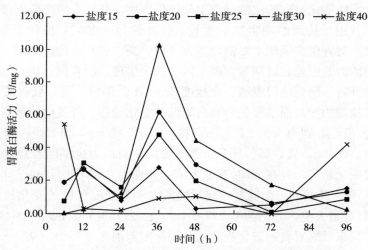

图 4-1　不同盐度下方斑东风螺胃蛋白酶活力变化情况

盐度胁迫对方斑东风螺淀粉酶活性影响的试验结果表明，盐度 25 试验组淀粉酶活力在 12 h 达到最高，为 2.999 U/mg；盐度 20 试验组在 72 h 出现最低数值，为 0.386 U/mg。随着时间的延长，各个盐度处理下的淀粉酶活力与对照组相比都呈现波动下降的趋势（图 4-2）。

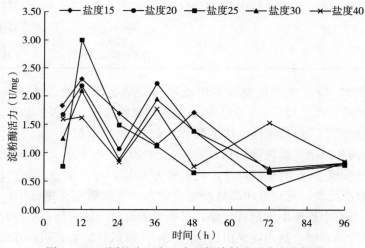

图 4-2　不同盐度下方斑东风螺淀粉酶活力变化情况

盐度胁迫对方斑东风螺脂肪酶活性影响的试验结果表明，不同盐度处理时间对方斑东风螺脂肪酶活性的影响显著（$P<0.05$）。各试验组脂肪酶活性与对照组变化规律不同，盐度 25 试验组在 12 h 时出现最高值，脂肪酶活力达到 0.147 U/g，随后降低；盐度 15 试验组在 72 h 活力达到最低，为 0.01 U/g。与对照组相比，低盐度组在 12 h 或 36 h 达到该日最高活力，高盐度组则在前 12 h 内处于下降趋势（图 4-3）。

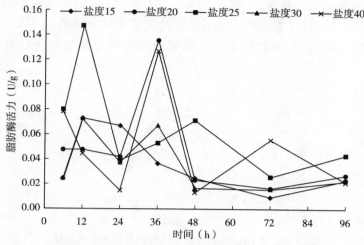

图 4-3 不同盐度下方斑东风螺脂肪酶活力变化情况

在多年生产实践中，笔者对不同盐度（18、23、28、33、38）下方斑东风螺消化酶、免疫酶活力进行了分析、研究，发现：①各个盐度处理组的消化酶活性随时间的延长整体都呈现先升高后降低的波动趋势；低盐度比高盐度对消化酶的活力影响更大；3 种消化酶中，蛋白酶活力＞淀粉酶活力＞脂肪酶活力。②不同盐度和处理时间显著影响方斑东风螺免疫酶活力（$P<0.05$）。与对照组相比，盐度 18 和 23 处理组幼螺过氧化氢酶（CAT）活性呈"抑制-诱导"的趋势，而盐度 28 和 38 处理组 CAT 活性呈"诱导-抑制-诱导"的变化；各盐度处理组碱性磷酸酶（AKP）和酸性（ACP）活性具有一致的变化规律，为"诱导-抑制"；盐度 38 处理组总超氧化物歧化酶（T-SOD）活性与同盐度组的 CAT 活性变化一致，而盐度 18、23 和 28 处理组的 T-SOD 活性均表现出"诱导-抑制"的趋势；各盐度处理组谷胱甘肽过氧化物酶（GSH-Px）活性和盐度 18、38 处理组的过氧化物酶（POD）活性呈现"抑制-诱导-抑制"的趋势，盐度 23 和 28 处理组 POD 活性与同盐度 T-SOD 活性变化一致。

杨章武等（2006）对不同盐度条件下方斑东风螺体重和壳长的日平均生长量进行了研究。结果显示，盐度 33、29、25 和 21 各组，日平均体重生长 11.3～12.0 mg，日平均壳长生长 123.1～141.9 μm，生长情况相近，对上述 4 组实验结束时的体重、壳长数据进行方差分析，结果表明各组之间没有显著差异（$P<0.05$），这 4 组的摄食量和摄食率也比较接近；而盐度 18 和 15 两组，日平均体重生长量分别为 8.3 mg 和 5.3 mg，日平均壳长生长量分别为 104.0 μm 和 64.3 μm，生长情况明显不同，方差分析表明，盐度 18 和 15 两组之间及其与上述 4 组之间，体重和壳长的生长存在显著差异（$P<0.05$），摄食量也明显偏低。在 15～33 的盐度范围内，方斑东风螺的存活率与盐度变化没有明显的关系，盐度 33 和 21 两组存活率偏低应为其他因素造成，在此盐度条件下，方斑东风螺都可以存活，但盐度降至 18 时方斑东风螺的生长受到不良影响，而盐度降至 15 时其生长受到严重影响。

张伟等（2008）在方斑东风螺适宜生存盐度范围内，对各盐度组的平均相对成活率进行了多重比较。结果显示，盐度为 26.0、28.8、31.6、34.4 的 4 个试验组成活率差异不显著，即盐度在 26.0～34.4 范围内变化对该螺的成活无显著影响，可以认为该螺的最适生存盐度为 26.0～34.4，超出此范围，该螺成活率将随着盐度向两极升降而明显降低（图 4-4）。

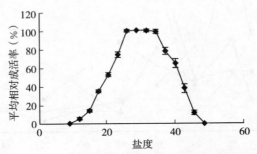

图 4-4　不同盐度下方斑东风螺相对存活率的变化

不同盐度下方斑东风螺体重增长情况见图 4-5。对该螺体重日增长率进行单因素方差分析，结果表明盐度变化对其产生了显著的影响（$P < 0.05$）。同时可以看出，体重增长最低临界盐度位于 14.8～17.6，最高临界盐度位于 40.0～42.8，采用二点法求得低端为 15.96，高端为 41.58，即方斑东风螺的适宜体重增长盐度范围为 15.96～41.58；此外，多重比较得出方斑东风螺最适体重增长盐度为 26.0～31.6。

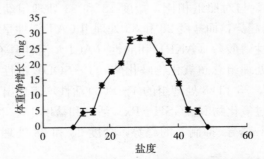

图 4-5　不同盐度对方斑东风螺体重增长的影响

在万宁山根东风螺核心示范场，依照上述盐度范围，暴雨时加强换水保证盐度，22 m² 水池平均收获商品东风螺 175 kg，效益显著。综上，可认为方斑东风螺稚螺的生存盐度为 14～35，最适盐度为 17～29。实际工作中，要注意台风、暴雨天气造成养殖池以及港湾局部盐度降低，及时补充新鲜海水。

（三）pH

水环境在水生生物的生长繁殖中有着重要作用，不适宜的环境会抑制水生生物的发育、生长和繁殖。pH 是水环境的重要指标，过高、过低都会直接影响水产养殖生物的生长、摄食和代谢。在贝类规模化的养殖过程中，大量贝类死亡、过度投喂藻类甚至海水赤潮的发生都会降低水体的 pH。而在养殖过程中，为了净化水质，栽植大量的水生植物，由于光合作用，水中的二氧化碳（CO_2）被大量消耗，导致水体 pH 增加。pH 的变化会对水生生物造成慢性或急性应激，影响其活动及免疫功能。方斑东风螺在中国南方沿海的养殖方式以露天陆地水泥池的流水养殖为主，水产养殖池 pH 的变化会对其生理和生长过程产生不同影响。酸性和碱性环境会降低幼贝的附着力，导致幼贝两壳紧密闭合、触手不伸出。

　　pH 是反应海水理化性质和生物活动的综合指标。海水通常为弱碱性，pH 通常为 7.5～8.6，许多海产动物的胚胎发育、生长所要求的海水 pH 以 8.0 为好。对于东风螺而言，pH 也是影响生长的重要因素（前面已有介绍）。另外，pH 过低，水体中 CO_2 增多，溶解氧含量降低，易滋生腐败细菌；pH 过高，NH_4^+ 将转化为对东风螺具有毒害作用的 NH_3。方斑东风螺在 pH 8.0 时有最高的日生长率，pH 高于 9.0 或低于 7.0 时日生长率和成活率显著降低（表 4-3）。

表 4-3　pH 对东风螺生长、存活的影响

pH	存活率（%）	生长率或收获情况	数据来源
7～9	80.0	183 $\mu m/d$	刘建勇等，2008
8	80.0	220.4 $\mu m/d$	刘建勇等，2008
8.0～8.2	80.0	养殖 8 个月，104 个/kg	王智彪养殖场，2018

　　笔者通过 pH 胁迫试验研究了 pH 对方斑东风螺生理生化的影响。试验用方斑东风螺体长为（2.80±0.32）cm，平均质量为（2.50±0.13）g。以 pH 8.0 为对照组，pH 5.0、6.0、7.0 和 9.0 为试验组，先暂养 2d 再进行试验。养殖过程的水质参数为：盐度 33.00±0.80，温度（26.00±1.00）℃，NH_4^+-N 质量浓度小于 0.01mg/L，亚硝态氮质量浓度小于 0.04mg/L，溶解氧（DO）大于 6.50mg/L。试验海水经沉淀、沙滤。

　　据试验要求选择健康、大小均匀且活力强的方斑东风螺，观察活动和生存情况，试验过程中观察 24h 内 100% 死亡 pH 和 96h 内 100% 无死亡 pH。据试验结果确定试验液 pH 的上、下限，然后用等间距方法分别设置了 5.0～9.0 等 5 个 pH 梯度，利用氢氧化钠（NaOH）或者氯化氢（HCl）调节至相应 pH。使用 pH 分析仪测定相应的 pH，并将已经配置好的海水储存在单独的水箱中。以自然海水 pH=8.0 为基础，用 pH 分析仪对水体的 pH 每天早晚各矫正一次，控制 pH 日变化幅度不超过±0.2。每组处理均为 3 个平衡，并将 30 个健康活跃的螺放在每个实验容器（40L）中。整个试验过程中螺不会重复使用，试验期间停止投喂。

　　试验开始后，6、12、24、48、72 和 96h 随机从每组取 3 个方斑东风螺，检测每种免疫酶的活性。在试验中，对各试验组方斑东风螺的活动状况和死亡率进行持续观察和记录。评估死亡的标准是：螺肉向外翻，吻管向外突出，发白僵硬。

　　结果显示，不同 pH 的处理时间对方斑东风螺 GSH-Px 活力影响显著。在 pH=5.0 时，GSH-Px 的活性先升高后又降低，并在 48h 活性达到 7.48U/mg 的峰值；pH=8.0 时，GSH-Px 活性在 6h 也达到了最大值 9.44U/mg；然而，GSH-Px 活性在其他各试验组中随着时间的推移，显示出"诱导-抑制"的趋势。不同 pH 的处理时间对方斑东风螺 CAT 活力影响显著。在 pH=9.0 时，CAT 活性变化显著，在 12h 试验组活性出现峰值，达到 58.26 U/mg，随着时间的推移，活性逐渐降低；在 pH=7.0 时，试验组在 6h 活性达到最低值 15.23U/mg。不同 pH 的处理时间对方斑东风螺 POD 活力影响显著。当

pH＝7.0 和 8.0 时，POD 活力呈现先降低后升高最后降低的趋势，其他试验组 POD 活力均呈现先升高后降低的趋势；当 pH＝9.0 时，POD 活力变化显著，在 24 h 出现活力峰值，达到 15.19 U/mg；当 pH＝5.0 时，试验组 POD 活力在 96 h 达到最低值，为5.03 U/mg。不同 pH 的处理时间对方斑东风螺 ACP 活力影响显著。

综上，高或低 pH 都显著影响方斑东风螺的生理生化功能，尤其是各种酶的活性，进而影响东风螺生长或存活。

实际生产中，东风螺养殖多采用流水方式，pH 变化比较小。循环水工厂化养殖东风螺，要跟踪测量 pH，可用"换水"方式保证 pH 稳定。在万宁山根东风螺核心示范场，依照《方斑东风螺多营养层级技术规范》草稿的 pH 范围，东风螺养殖病害较少，能保证正常生产。

（四）其他水质指标

氰化物、硫化物等参阅《渔业水质标准》（GB 11607）的要求（表 4 - 4），养殖海水水质应符合《无公害食品　海水养殖产地环境条件》（NY 5362）的要求（表 4 - 5）。

表 4 - 4　渔业水质标准

序号	项目	标准值
1	色、臭、味	不得使鱼、虾、贝、藻带有异色、异臭、异味
2	漂浮物质	水面不得出现明显油膜、浮沫
3	悬浮物质	人为增加不得超过 10mg/L，悬浮物质沉底后不得对鱼、虾、贝、藻产生有害影响
4	pH	海水 7.0～8.5
5	溶解氧	连续 24h 中 16h 必须大于 5mg/L，其余任何时候不得低于 3mg/L
6	生化需氧量（5d，20℃）	不超过 5mg/L
7	总大肠杆菌	不超过 500 个/L
8	汞	≤0.000 5mg/L
9	镉	≤0.005mg/L
10	铅	≤0.05mg/L
11	铬	≤0.1mg/L
12	铜	≤0.01mg/L
13	锌	≤0.1mg/L
14	镍	≤0.05mg/L
15	砷	≤0.05mg/L
16	氰化物	≤0.005mg/L
17	硫化物	≤0.02mg/L
18	氟化物（以 F⁻计）	≤1mg/L
19	非离子氨	≤0.02mg/L
20	凯氏氮	≤0.05mg/L
21	挥发性酚	0.005mg/L

（续）

序号	项目	标准值
22	黄磷	≤0.001mg/L
23	石油类	≤0.05mg/L
24	丙烯腈	≤0.5mg/L
25	丙烯醛	≤0.02mg/L
26	六六六（丙体）	≤0.002mg/L
27	滴滴涕	≤0.001mg/L
28	马拉硫磷	≤0.005mg/L
29	五氯酚钠	≤0.01mg/L
30	乐果	≤0.1mg/L
31	甲胺磷	≤1mg/L
32	甲基对硫磷	≤0.000 5mg/L
33	呋喃丹	≤0.01mg/L

表4-5　海水养殖用水水质要求

序号	项目	标准值
1	色、臭、味	不得有异色、异臭、异味
2	粪大肠菌群	≤2 000MPN/L（供人食用的贝类养殖水质≤140MPN/L）
3	汞	≤0.000 2mg/L
4	镉	≤0.005mg/L
5	铅	≤0.05mg/L
6	总铬	≤0.1mg/L
7	砷	≤0.03mg/L
8	氰化物	≤0.005mg/L
9	挥发性酚	≤0.005mg/L

第二节　养殖设施

一、养殖池

东风螺养殖场主要建筑物有育苗池、养殖池、饵料池、沉淀池、过滤池、鼓风机房、水泵房、配电房等。

水泵房建在靠近海边的岸上地带，应选择台风季节海浪影响不到的位置建设。水泵吸水口设在潮流的上方，场区排水口设在潮流下方，二者尽量远离。育苗池、养殖池、饵料池、沉淀池、过滤池、鼓风机房、配电房等设施，必须在海岸高潮线200 m（有的地方政府要求300 m）以外建设，满足当地环保要求。水较浑浊的地区应建沉淀池，沉淀池容积约为养殖水体的 2 倍。海南岛沿岸海水清澈，一般不建沉淀池，但建有过滤池。有的养殖场在岸边打沙滤井（彩图 6）代替过滤池，抽井水直接使用。沉淀池和过滤池建在靠海边一侧，过滤池底部高度应高于育苗池、养殖池、饵料池，便于海水自流进入。育苗池、饵料池应设置遮风雨顶棚，且应具有一定透光性。养殖池上方设遮光率为 95% 的遮阳网。饵料池和育苗池近一点，中间设隔离带。养殖池与育苗池、饵料池距离远一点。鼓风机噪声很大，配电房具有危险性，应距离住宿区远一点，通常设在养殖场的一角。要建发电机房，发电、配电、鼓风机通常在一起，统称机房。养殖池建设的自由度较大，有正方形、长方形，面积 5～30 m² 都可（彩图 7）。

因东风螺的多营养层级综合养殖生物中包含大型藻类，需要阳光，且考虑到建设成本因素，养殖池应建在室外。为合理利用土地，提高土地利用率，增加养殖面积，综合日常管理的便利性要求，将东风螺养殖池建为长方形，面积以 20 m² 左右为佳。因东风螺养殖水深约 50 cm，故池高应不超过 80 cm，否则将影响日常清除残饵。东风螺具有钻沙的习性，除了摄食、排泄、栖息等活动均在沙里完成，绝大部分时间都生活在沙里，残饵、排泄物大量沉积在沙里易引起细菌大量繁殖，导致沙层局部缺氧、"黑化"等现象，增加东风螺患病及死亡的风险，故养殖底沙的铺设采用流水自净式，即：在离池底 10cm 架设一层有孔塑料托板，托板上固定一层 60～80 目纱网，纱网上方铺细沙，当水流通过沙层时可部分带走沙层中的残饵及排泄物，从而达到净化的目的。池内每 2 m² 布设 1 个气石，配合供气系统，可确保水体溶解氧在 5.0mg/L 以上。池内布设射流式进水管，即在进水口接一条与养殖池等长的带 2 排向下孔的排水管，可确保养殖池前中后均有新鲜海水加入。在养殖池后部设一排水管，用于排水、排污，以便维持东风螺生长适宜的水质、底质环境。采用大型海藻和东风螺混养，前者依赖阳光生长，后者为夜行性动物，惧怕强烈阳光，常栖息于光线较弱的地方，而阳光直射也不利于人工操作，故通常在水池上方架设遮阳网，减少光线。光照强度低于 5 000 lx 时藻类生长不好，易腐烂，破坏水质；高于 10 000 lx 时东风螺摄食活动减少，影响生长，且藻类繁殖过于旺盛影响东风螺活动空间。以此设定光照强度 5 000～10 000 lx，兼顾大型藻类和东风螺的活动、生长。

万宁王智彪养殖场水池规格为 5.5 m×4.0 m（22 m²），高度 0.82 m，散气石 7 个×2 列，养殖东风螺已有 11 年，每个池收获东风螺 80～190 kg 不等，效益显著（表 4-6）。

表 4-6 养殖池面积对东风螺存活、产量的影响

面积（m²）	存活率（%）	产量（kg/m²）	数据来源
22	80.0	7.8	王智彪养殖场，2018
15	83.0	7.4	试验站示范基地，2018
7	78.0	6.0	试验站基地，2019
25	80.0	7.6	琼海椰林镇（调查），2018
20	82.0	7.5	文昌会文镇（调查），2018

二、养殖用沙

方斑东风螺具有埋栖习性，养殖底质为沙质，含泥量几乎为 0，以海沙或河沙为佳，粒径以 0.5～1.5 mm 为宜。

关于东风螺养殖用沙规格对东风螺的影响，前面已有介绍。水泥池养殖东风螺有 2 种铺沙方式：贴底铺沙和离底铺沙（或流水自净式铺沙）。

张扬波等（2011）为营造东风螺水泥池养殖经济、高效的底质环境，进行了水泥池两种铺沙方式下东风螺养殖效果的比较试验。结果表明，在不同年份的相同季节、养殖水温无明显差异、养殖密度大致相同的情况下，同一铺沙方式下方斑东风螺和台湾东风螺的生长无明显差异。采用离底铺沙时，方斑东风螺和台湾东风螺的体重日均生长速度分别比贴底铺沙高 85.0% 和 68.6%，壳高的日均生长速度分别比贴底铺沙高 56.1% 和 45.4%。离底铺沙是构建东风螺水泥池养殖经济、高效底质环境的有效技术措施。

试验地点是惠安县崇武镇航扬水产养殖场，试验时间为 2009 年 7 月至 2010 年 12 月。试验螺为人工培育的方斑东风螺和台湾东风螺幼螺。幼螺规格为：2009 年，方斑东风螺体重 0.51g，壳高 14.0mm；台湾东风螺体重 0.43g，壳高 13.8mm。2010 年，方斑东风螺体重 0.61g，壳高 14.5mm；台湾东风螺体重 0.63g，壳高 14.7mm。前期饵料以小虾、蟹为主，后期以小杂鱼为主。充气管理在池底。养殖池为室内水泥池，规格 5m×2m×0.8m，保持水深 40～50cm。

铺沙：池底铺中沙 2cm（沙粒直径 0.2～0.5mm）。贴底铺沙，即沙直接平铺在池底；离底铺沙，即池底先铺设鲍砖（鲍育苗专用的四角水泥砖，规格为 25cm×25cm×4.5cm），砖与砖之间间隙 2～3cm，砖上铺设 60 目的聚乙烯筛绢网，筛绢网上再铺沙。从沙层下面的池底充气。两年养殖试验采用不同的铺沙方式，2009 年贴底铺沙，2010 年离底铺沙。

日常管理：养殖前期密度约 1 800 个/m²，体重增长至 2g 左右（即中期）分池，密度降为 1 000～1 200 个/m²。日投饵 1 次，日投饵率（投饵量占养殖量的比例）前期 7%～8%、中期 4%～5%、后期 1%～2%。11 月平均水温低于 20℃，摄食量减少，投饵量亦随之减少。水温低于 15℃ 不投饵。日换水 1 次，夏季日换水量 100%，秋、冬季日换水量 50%。不间断充气，及时清理残饵、残渣。贴底铺沙池每 7d 翻洗底沙（带螺）1 次，离底铺沙池不翻洗。自然水温养殖，用水经沉淀和沙滤，海水相对比重 1.020～1.023。

在水温较高的夏、秋季，贴底铺沙养殖在外观上底沙容易发黑，大约 7d 必须清洗底沙 1 次，即便如此，底沙黑化还是很常见；离底铺沙则底沙基本没有发黑、发臭的现象。两年中分别在夏季和冬季对不同铺沙方式养殖底沙的硫化物含量和水中氮、磷含量进行了检测，结果表明：离底铺沙养殖水中的氮、磷指标略高于贴底铺沙养殖，但差异不明显。而底沙的硫化物含量差异明显，贴底铺沙显著高于离底铺沙。

同为贴底铺沙，方斑东风螺和台湾东风螺体重和壳高的生长速度差异分别为 7.9% 和 8.8%；同为离底铺沙，方斑东风螺和台湾东风螺体重和壳高的生长速度差异分别为 1.7% 和 2.0%。而相同种类不同铺沙方式有较大的生长差异：方斑东风螺，离底铺沙比贴底铺沙体重和壳高的生长速度分别提高 85.0% 和 56.1%；台湾东风螺，离底铺沙比贴底铺沙体重和壳高的生长速度分别提高 68.6% 和 45.4%。离底铺沙时两种东风螺体重、壳高的生长速度及日均增长率，都显著高于贴底铺沙。

贴底铺沙，底沙里的水基本上处于静止状态，底沙容易缺氧。在缺氧环境里残饵很快就变黑、发臭，产生氨氮、硫化氢等有害物质。离底铺沙，沙层架离池底，充气孔在沙层下方，底沙的水是流动的，沙层一般不会缺氧，残饵、粪便等污物容易氧化，外观上底沙干净、不发黑，反应在底质的指标上，则是底沙硫化物含量明显低于贴底铺沙养殖。底沙黑化、发臭，是东风螺水泥池养殖最常见的底质恶化现象。东风螺潜埋在沙泥底质里，人工养殖条件下，残留在底沙的残饵都是蛋白质含量很高的鱼、虾、贝肉。这些残饵 2～3d 就发黑、发臭，如果没有及时清理或清理不彻底，一块残饵产生一个黑斑，很快黑斑就连成一片。贴底铺沙养殖东风螺，底沙黑化的速度、黑化的程度与东风螺的养殖密度直接相关。密度越高，投饵量越大，底沙黑化越快、黑化程度越严重。

东风螺水泥池养殖，除饵料以外，主要成本是换水能耗和用于底沙翻洗、处理残饵等日常管理的人工成本。东风螺水泥池养殖，密度是一个极为重要的指标，一方面养殖密度关系到单位面积的产量即养殖的效益，另一方面养殖密度关系到底沙的承载能力即养殖的安全。试验表明，离底铺沙方式有效提高了底沙的自净能力，保证了底沙的安全性，同等条件下可以提高养殖密度，或同等养殖密度条件下可以减少底沙清污的次数、减少换水量，以此降低养殖成本。

目前，东风螺水泥池养殖的主要疾病是脱壳病和吻管水肿病，这两种疾病的发生与底质恶化密切相关，而底质恶化的主要原因就是密度过高引起的残饵和排泄物过多、换水不足、发黑的底质未及时处理等。水泥池离底铺沙养殖东风螺，可有效提高底沙的自净能力，对降低养殖过程中脱壳病、吻管水肿病发生的风险有重要作用。

另外，黄海立等（2006）在室内水泥池利用离底铺沙和贴底铺沙养殖模式对不同规格的方斑东风螺进行了高密度养殖的研究。结果表明，离底铺沙模式养殖小螺、中螺、大螺组日均增重分别为 0.031、0.088、0.098g/d，沙层 $NH_4^+ - N$ 最高含量分别为 1.3、2.1、3.1mg/L，H_2S 最高含量分别为 0.03、0.07、0.14mg/L，各规格组东风螺保持正常生长和活动，成活率 92.9% 以上；贴底铺沙养殖模式养殖小螺、中螺、大螺日均增重分别为 0.023、0.051、0.068g/d，成活率分别为 95.2%、86.7%、84.9%，沙层 $NH_4^+ - N$ 最高含量达到 13.7mg/L，H_2S 最高含量达到 0.47mg/L，沙层底质恶化，东风螺活动异常、不摄食。可见，离底铺沙养殖模式对方斑东风螺的生长、成活率的保证及沙层水质的控制效果显著，在一定程度上克服了直接铺沙养殖底质恶化的问题。

三、供排水设施

供排水设施包括沉淀池、过滤池、水泵、管道，有的养殖场设有海边沙滤井。水泵的功率、扬程、供水量的选择依据养殖池面积、日换水量、供水管道距离等因素而定。每个养殖场应配备 2 套供水系统，同时使用或者轮换使用。水管为无毒的塑料管。

每 100 m² 东风螺养殖池最大需水量约 150 m³，可选择水泵流量 15m³/h 连续运转 10 h，或水泵流量 10m³/h 连续运转 15 h。实际操作中，东风螺养殖后期个体增大，食料量增加，排泄物增多。养殖早期供水量可以偏少，约 150% 即可，后期供水量逐步加大，达到 300%甚至更多。因为根据监测，东风螺养殖后期日换水量低于 300%时，水体氨氮、亚硝态氮含量均易超过 0.5 mg/L，已超过了《海水养殖水排放要求》（SC/T 9103—2007）海水养殖尾水一级标准，且水体透明度明显降低，底沙黑化严重，极易导致东风螺不钻沙、"翻背"等现象发生。

万宁王智彪养殖场有水池 40 个，总面积近 900 m²，设置 2 套流量为 100 m³/h 的水泵。养殖早期运转 1 套水泵约 15 h，后期运转 2 套水泵 10～20 h，能保证供水、换水的需要。多年来，未出现过由于缺少水而造成的损失（表 4-7）。

表 4-7 不同养殖场水泵功率、流量

功率（kW）	流量（m³/h）	生产状态	数据来源
（3 套）2.2	75	40 个池，正常生产	王智彪养殖场，2018
4.0	50	20 个池，正常生产	试验站示范基地，2019
5.0	75	40 个池，正常生产	陈刚（调查），2018
（2 套）5.0	150	60 个池，正常生产	文昌会文镇（调查），2018

四、过滤、沉淀设施

有的养殖场在水源地挖沙井，水泵置于沙井内抽井水，沙井可初步滤去水中有机颗粒、浮游动植物，起到过滤池的作用。然后经紫外消毒池除去水体中有害微生物，防止其进入水池。一般按每 100m³ 水体配备 2m² 过滤池，过滤池设 2 个或 3 个，以便清洗过滤材料时轮换使用。过滤材料通常为细沙和活性炭，通常设置为 3～4 层：碎石-粗沙-活性炭-细沙，每层用筛绢网隔开，以便清洗，总厚度 80cm 左右。是否配置沉淀池，可根据水源浑浊度而定。如果水源清澈，可不建沉淀池。沉淀池容积应大于养殖池水体（一般是养殖水体的 2 倍）。经沙滤、沉淀、紫外杀菌处理后的水体可满足东风螺养殖水质要求。

刘洪珊等（2018）报道，渤海湾近岸滩涂属于典型的泥质滩涂，近岸海水含有大量泥质悬浮物，非常浑浊，需经沉淀才能进入工厂化养殖车间使用。因此，渤海湾沿岸工厂化海水养殖企业都配备有沉淀池，用于对从渤海湾抽上来的浑浊海水进行沉淀处理。刚抽上来的海水经过一段时间的沉淀、消毒、接种有益菌等一系列技术处理后，达到工厂化养殖用水需要，才能输送到养殖车间使用。但在实际生产过程中，有不少养殖企业因海水处理不到位，水质不达标，造成养殖生产减产甚至失败。

沉淀池深度以 1.5～2 m 为佳，太浅藻相不稳定，水质变化快，太深底层海水缺氧，水中的氨氮、亚硝酸盐、硫化氢等指标容易升高。

养殖场最好多准备几个沉淀池，轮流使用，或者把一个大沉淀池分成几个使用，确保进入养殖车间的海水水质总是处于最佳状态。

刚从大海中抽上来的海水必须经过一段时间的沉淀处理后才能使用，尤其在现在海水污染较重的情况下，沉淀时间更应该长一些。就笔者自己的经验，一般 15 d 后沉淀池的海水水质基本稳定下来，水中的悬浮物质基本沉淀到池底并且稳固下来，不会轻易再次浮起。依靠外源获取营养的一些原生动物及细菌基本死亡，此时使用比较安全。

还可以向沉淀池投放漂白粉，以便杀灭细菌、病毒，但要根据生产开始时间、水温、养殖种类对水质的要求等综合而定。春天水温逐渐升高，漂白粉分解失效时间逐渐加快，一般在生产开始前 20 d 投放即可，秋天水温逐渐下降，漂白粉应提前 30 d 投放。如养殖种类对水质要求高，漂白粉使用量大，应再提前 10 d。海南地区通常漂白粉处理 48 h 后即可使用。漂白粉投放早，沉淀池海水老化早，水资源不能重复利用；投放晚，余氯消失得晚，影响生产进度。漂白粉有见光分解的特性，而且温度越高分解越快，因此向沉淀池投放漂白粉时应选择在阴天的下午，泼洒方式以在小船的船舱中用池水化开，全池均匀泼洒为好。

漂白粉的使用量应根据沉淀池水量及池深、季节、预计开始生产日期、养殖种类、漂白粉质量等诸多因素综合决定，不可照搬理论数据，遵循的原则是池深少投、池浅多投、春季多投、秋季少投，距离生产日期时间长多投、反之少投，养殖种类对水质要求高多投、要求低就少投，漂白粉含有效氯高少投、反之多投。一般养殖中掌握在 10～15mg/L 即可。

沉淀池投放漂白粉后，原则上应测定余氯并做记录，作为本场的原始资料。只有当上下风口处及各个水层的余氯都消失时，才能使用。

大海中的海水，潮起潮落奔腾不息，其中的各种微生物、各种营养物质不断交换，形成了一种动态平衡。而被储存到沉淀池的海水，形成了一个封闭、静态的水环境，无法再和外海进行任何物质交换，其中依靠外海提供营养的一些原生动物、细菌、单细胞藻类经过一段时间就会衰败、死亡，以这些微生物为宿主的病毒、细菌也随之死亡。沉淀池中的海水只能和池底的泥土、污泥及大气进行物质交换，还有就是人工处理水时投入的物质如消毒剂、微生态制剂等，沉淀池中依靠这些物质生长成优势种群的微生物种群和外海中的自然微生物种群区别很大，有自己独有的生长、衰败规律。

不是特大风雨，不会触动沉淀池底部，所以沉淀池上下水层中的微生物种群、溶解氧、温度是有区别的。上层海水光照充分，温度高，溶解氧充足，单胞藻多，氨氮、亚硝酸盐、硫化氢含量低，是优质养殖用水；底层海水的特点是温度低，光照不足，淤泥多，溶解氧低，厌氧细菌较多，因此产生的氨氮、亚硝酸盐、硫化氢等有害物质就较多。因此，沉淀池中的抽水水泵必须用浮筏平吊起来，抽取上层优质海水输送到养殖车间。一般情况下，一池经过处理的海水的最佳使用期为 30d 左右。

五、尾水处理设施

养殖场的进、排水口应尽量远离，目的是防止养殖尾水直接被水泵抽吸，继而作为养殖水使用。供、排水管道尺寸依据养殖水体体积、排水频次而定，但应确保养殖用水的充足供应及养殖池大量换水的通畅。万宁王智彪养殖场面积 600m²，进、排水口距离 130 m，主供水管为 110 联塑水管，水池排水管和主排水管规格分别为 110 和 160，多年来，未遇到供、排水障碍。

养殖尾水是水产养殖过程中或养殖生物收获后，养殖系统（养殖池塘、工厂化车间、水池）向自然界排出的水。目前东风螺养殖主要是"一边进水，一边排水"的流水方式。养殖尾水排放应符合《海水养殖水排放要求》（SC/T 9103—2007）（表 4-8）。

表4-8 海水养殖水排放要求

序号	项目	一级标准	二级标准
1	悬浮物质	≤40mg/L	≤100mg/L
2	pH	7.0~8.5，同时不超过该水域变动范围的0.5个单位	6.5~9.0
3	化学需氧量 COD_{Mn}	≤10mg/L	≤20mg/L
4	生化需氧量 BOD_5	≤6mg/L	≤10mg/L
5	锌	≤0.20mg/L	≤0.50mg/L
6	铜	≤0.10mg/L	≤0.20mg/L
7	无机氮（以N计）	≤0.50mg/L	≤1.00mg/L
8	活性磷酸盐（以P计）	≤0.05mg/L	≤0.10mg/L
9	硫化物（以S计）	≤0.20mg/L	≤0.80mg/L
10	总余氯	≤0.10mg/L	≤0.20mg/L

注：各项标准值是指单项测定值的最高允许值。

为了减少养殖尾水对环境的压力，达到环境友好的目的，应增加尾水沉淀、处理后排放环节。一般的养殖场可预留养殖面积的30%作为尾水沉淀、处理池。用"浮子筏"的方式养殖大型海藻（如江蓠、麒麟菜）覆盖40%~50%，吸收多余的氨氮；混入罗非鱼1尾/m²，捕食桡足类以及大型有机颗粒；吊养滤食性贝类（如贻贝）过滤小型有机颗粒和单细胞藻类，控制处理池藻类数量，维持生态平衡；再通过溢流口排放，并且每年清除池底淤泥1次（表4-9）。尾水经沉淀除去大颗粒悬浮物质，再经生物净化处理除去氨氮、磷等，降低COD、BOD后完全达到排放标准。条件好的养殖场，可安装工业化尾水处理设施。有的养殖场尾水处理后循环利用，可节约水资源。

表4-9 不同养殖场尾水处理方式及效果

尾水处理方法	生产状态	处理效果	数据来源
200m² 处理池，吊养江蓠500kg，罗非鱼200尾	40个池，正常生产	pH为8.1~8.4，氨氮0.25~0.80 mg/L	王智彪养殖场，2018
	20个池，混养海参、江蓠	pH为8.1~8.4，氨氮0.30~0.80 mg/L	试验站示范基地，2019
200m² 处理池，吊养江蓠500kg，贻贝300kg	40个池，正常生产	pH为8.1~8.5，氨氮0.25~0.60 mg/L	陈刚（调查），2018
	40个池，长流水，正常生产	pH为8.1~8.4，氨氮0.40~0.80 mg/L	文昌会文镇（调查），2018

万宁王智彪养殖场设置尾水沉淀池200 m²，深2.5 m，用泡沫和竹子建造100 m² 浮子筏，吊养细基江蓠，投放罗非鱼（初始体长15 cm）200尾。跟踪测量尾水主要指标：pH为8.1~8.4，氨氮0.25~0.80 mg/L，符合排放标准。在冬季停产休息时，把池底沉积物清理、晒干，填埋于防风林下作肥料，也可交由垃圾车运走。

王万冠等（2021）报道了 3 种对虾养殖尾水处理方式，可使尾水达标排放或循环利用。其一是通过养殖三阶处理（养殖水监控及调节-养殖出水回用-养殖尾水净化）进行生态级养殖用水处理，养殖过程中不使用抗生素、激素和消毒剂，保障养殖用水水质指标、营养指标和有益菌活性指标，实现经济效益和社会效益双丰收。养殖中的水处理过程如图 4-6 所示，主要是利用生态系统调控原理，以生态技术对养殖水环境的菌相、藻相、营养构成等进行三阶处理。养殖原水首先通过一级处理池的物理过滤和生物抑菌处理，再进入二级处理池进行益生菌活化与增殖，促进有益微生物菌群增殖，分解水中污染物，例如粪便、残饵等，同时通过营养免疫饲喂，促进动物消化能力和免疫力提升，改善动物体质，提高动物抗病、抗逆、抗应激的能力。三级处理池的排水口通过管道分别与一级处理池和尾水处理池连通，底部设有漏斗形颗粒物收集装置用以回收固体残渣。养殖水经三级处理池固液分离预处理后，排入沉淀池进行二次处理，再进入尾水处理池，尾水处理池包括表面流和潜流湿地装置以及尾水水质监测系统，表面流和潜流湿地装置用于进行降磷、降氮等的生物处理过程，再经水质监测系统监测达标后排放，或进行重复利用。

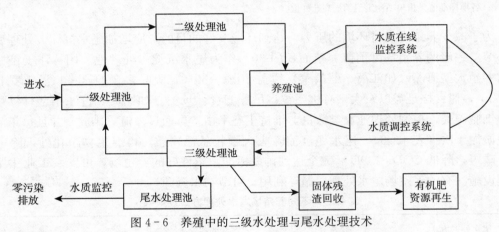

图 4-6　养殖中的三级水处理与尾水处理技术

其二是人工湿地养殖尾水处理技术，如图 4-7 所示。养殖尾水经预处理后，首先通过贝类净化通道，利用贝类的滤食和富集特性去除悬浮颗粒、有机质、藻类和重金属等；

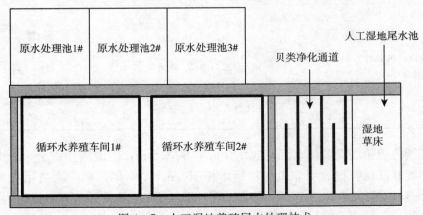

图 4-7　人工湿地养殖尾水处理技术

然后进入人工湿地尾水池，通过在人工湿地上建立水生态系统，利用内基质、植物、微生物等协同作用，通过物理、化学、生物三重作用将悬浮物、可溶性有害物质和气体从水体中排出或转化为无害物质，达到尾水净化的目的。

其三是循环水处理技术，如图4-8所示。养殖尾水首先通过鼓式固液分离装置去除颗粒物；然后进入反硝化装置对水体进行无害化处理；通过无害化处理后进入消毒环节，通过紫外线、超滤及臭氧对循环水体进行消杀；随后进入生物滤池，通过培养益生菌，分解、去除养殖水体中的有害物质（如亚硝酸盐、氨氮、有机物、二氧化碳等）；最后对水体进行纯氧增氧，水质溶解氧活化后重新循环利用。尾水处理单元需进行反冲洗，清理截留杂质，以便保证装置持续稳定运行。

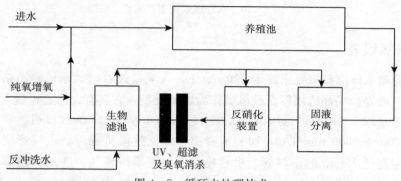

图4-8　循环水处理技术

上述介绍的3种水处理技术中，前两种都采用了生态湿地净化技术，并且上一级排水为下一级继续利用，提高了利用效率，增加了养殖效益。第三种模式采用的循环水处理技术自动化程度高，并且具有节地节水、提质增产的优势。

穆珂馨等（2012）在分析国内外工厂化循环水养殖系统特性和发展现状的基础上，针对养殖生产方式转变的发展要求，梳理工厂化循环水养殖的产业需求，研究河北省的发展条件，研制出一套适合河北省养殖的全封闭循环海水工厂化养殖系统和水质调控方法。以低成本、高效率处理养殖尾水，达到养殖尾水零排放，从而提高养殖效益，实现资源的节约，保护生态环境，以期为水产养殖方式转变、发展工厂化养殖提供参考（图4-9）。

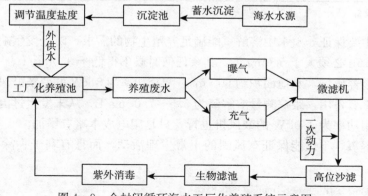

图4-9　全封闭循环海水工厂化养殖系统示意图

彭树锋等（2007）测试了由紫外线杀菌器、臭氧发生器、蛋白质分离器和生物过滤器4部分构成7种不同组合的水处理系统的水处理效果，探讨了各部分在水处理中的作用。结果表明，开启整套系统对沙滤水进行三次处理时，系统对 $NH_4^+ - N$、$NO_2^- - N$、普通细菌和弧菌的去除作用明显，去除率分别为 41.92%、53.58%、94.59% 和 100%，且能明显增加水体溶解氧含量，对 pH 的影响不明显（图 4 - 10）。

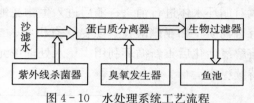

图 4 - 10　水处理系统工艺流程

六、增氧设备

东风螺养殖水体溶解氧要求高于 5.0 mg/L，含氧量过低时，东风螺不钻沙，影响其生理活动。一般养殖场都选用罗茨鼓风机作为增氧设备，它具有无油、风量大、风压稳定等优点。养殖水深 1.5m 时，选用风压 2 000～3 000 mmH₂O① 的鼓风机。罗茨鼓风机常用风压为 1 500～5 000 mmH₂O，加装消音筒可降低鼓风机噪声。供气管使用无毒塑料管，一般选用直径 75mm 的塑料管。水管接口密封，不得漏气。进入水池部分可选用小胶管，接上散气石，每平方米布散气石 2～4 个，亦可以接 PVC 管，在管上钻微孔代替散气石散气，20m² 水池用 2 根水管即可。根据养殖水体体积、溶解氧阈值确定罗茨鼓风机口径及电动机功率（表 4 - 10）。

表 4 - 10　不同养殖场供气设备及效果

鼓风机规格（英寸②）	电动机（kW）	生产效果	数据来源
4	3	40 个池，正常生产	王智彪养殖场，2018
2	2.2	20 个池，正常生产	试验站示范基地，2019
4	4	40 个池，正常生产	陈刚（调查），2018
4	5	50 个池，正常生产	文昌会文镇（调查），2018

注：均有备用设备。

养殖过程中要保证养殖水中溶解氧能满足养殖生物的需求，防止发生缺氧事故。溶解氧连续 24h 中 16h 必须大于 5.0mg/L，其余任何时候不得低于 3.0mg/L。

万宁王智彪养殖场，水池面积约 600 m²，配套功率为 3 kW 的罗茨鼓风机 2 套，一般运转 1 套，另 1 套备用。跟踪测量溶解氧为 5.5～7.0 mg/L，从未发生过因缺氧而致死东风螺的事故。用功率为 4.0kW 的鼓风机也行，只是用电成本略有增加。

充足的溶解氧，不仅能保证东风螺的正常生理活动，而且有利于去除氨氮等有害物

质。氨氮是养殖池中的主要污染物，大量研究表明，生物法处理是去除水源水中氨氮最经济、有效的方法。通过生物法处理，氨氮先被亚硝化细菌转化为亚硝态氮，再进一步被硝化细菌转化为硝态氮。其中需要充足的氧气作为电子受体，当溶解氧不足时，将限制氨氮的去除效果。因此，可以通过提高溶解氧浓度的方法提高氨氮的去除率。

张晓娜等（2016）报道，当待滤水氨氮浓度接近 3.00mg/L 时，提高溶解氧浓度可使氨氮去除率达到 90% 以上，而且随着溶解氧浓度增大，氨氮的去除率也随着增大，最大可达到 99.34%。待滤水氨氮浓度越高，去除效果越差。氨氮浓度为 1.00～3.00mg/L，氨氮平均去除率可达到 95.27%；氨氮浓度为 3.00～4.50mg/L，氨氮平均去除率可达到 77.54%；氨氮浓度为 4.50～6.00mg/L，氨氮平均去除率为 61.61%。提高待滤水溶解氧浓度可以有效地去除高浓度氨氮。

许德超等（2020）采用生物接触氧化池与生物流化床联合处理实际生活污水，研究溶解氧浓度对其脱氮效果的影响。实验分为Ⅰ、Ⅱ、Ⅲ 3 个阶段，3 个阶段生物接触氧化池溶解氧质量浓度分别设置为（1.5±0.4）、（2.8±0.6）、（4.6±0.8）mg/L。结果表明，3 个阶段生物接触氧化池氨氮去除率随溶解氧的升高而升高，但生物流化床中的氨氮浓度降低，不利于厌氧氨氧化反应的进行，并影响最终总氮的去除效果。第Ⅰ、Ⅱ、Ⅲ 阶段的整体总氮去除率分别为 73.7%±6.9%、72.0%±2.1% 和 51.4%±5.6%。可见，生物接触氧化池设置较低的溶解氧既能提升脱氮效果，也能降低曝气能耗。

能子礼超等（2020）报道，当进水溶解氧约 10.5mg/L 时，生物滤柱对氨氮有很好的去除效果，进水氨氮在 1.6～1.9mg/L，出水氨氮均降到了 0.1mg/L 以下，远低于国家标准的 0.5mg/L；出水氨氮平均浓度为 0.05mg/L，去除率为 97.2%（图 4-11）。

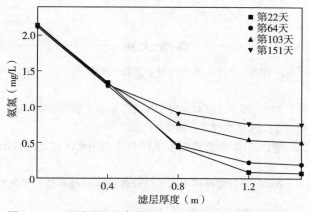

图 4-11　不同溶解氧条件下生物滤柱中氨氮的沿程变化

七、供电设备

养殖场应具备完善、安全的电力供应系统。应根据用电量配备变压器，把外来电网电源降压到通用电源，再经过配电房输送到用电设备。养殖场要 24h 不间断供电，除了电网稳定供电外，应配套发电设备，保证停电时水泵、气泵、养殖人员生活所需设备的正常运转，以保证养殖场正常运行。

实际工作中，电网停电时间比较短，但台风天气导致的停电时间长达 4d 甚至更长。条件允许的养殖场可配 2 套同规格的发电设备，或者附近几个养殖场共用发电设备。有研究发现，养殖过程中的残饵和排泄物，部分被海参利用，部分分解、释放到养殖水体中随尾水排出。投饵后，饵料中的部分油脂、蛋白等也释放到养殖环境中，一部分被藻类吸收利用，另一部分随尾水排出。如发生停电，导致停止供水，有机质不能及时排出，将导致养殖系统有机质含量升高，进而引起水质恶化，导致东风螺应激反应，增加患病风险。此外，方斑东风螺、海参、大型海藻等需要消耗氧气进行呼吸作用，停电、停气将导致水体溶解氧逐渐降低，东风螺局部缺氧甚至死亡。稳定的供电、供水、供气，是东风螺养殖成功的前提条件。

　　万宁王智彪养殖场配套 30 kW 发电机 1 套，平时供电稳定，台风登陆时会停电，此时要靠发电机保证供水、供气。根据记录，停电最长时间是 4d，都靠发电机保证正常生产；遇到过发电机不能正常运转，紧急抢修后才能运转的情况。因此，有条件的养殖场可配 2 套发电机，保证万无一失（表 4-11）。

表 4-11　不同养殖场供电设备调查

供电网	发电机功率（kW）	生产效果	数据来源
稳定	30	40 个池，正常生产	王智彪养殖场，2018
稳定	无，共用邻居养殖场发电机，30	20 个池，正常生产	试验站示范基地，2019
稳定	8	40 个池，能保证供气和生活用电	陈刚（调查），2018
稳定	30	50 个池，正常生产	文昌会文镇（调查），2018

参考文献

黄海立，周银环，符韶，等，2006. 方斑东风螺两种养殖模式的比较 [J]. 湛江海洋大学学报，26（3）：8-12.

柯才焕，许贻斌，王德祥，2005. 海水盐度对方斑东风螺主要消化酶的影响 [C] //中国海洋湖沼学会中国动物学会贝类学分会第十二次学术讨论会摘要. 太原.

刘洪珊，王艳艳，王海凤，等，2018. 渤海湾海水工厂化养殖用水沉淀处理技术 [J]. 河北渔业，1：34-36.

穆珂馨，赵振良，孙桂清，2012. 全封闭循环海水工厂化养殖水处理系统效果研究 [J]. 河北渔业，2：19-22.

能子礼超，胡金朝，邓雪梅，等，2020. 溶解氧对生物滤柱中氨氮、铁、锰去除效果的影响 [J]. 化工进展，39（7）：2900-2906.

彭树锋，王云新，叶富良，等，2007. 工厂化养殖水处理系统水质净化效果分析 [J]. 广东海洋大学学报，27（3）：69-73.

王万冠，赵海涛，许欣，等，2021. 东营地区三种南美白对虾工厂化养殖尾水处理技术介绍 [J]. 河北渔业，1：22-24.

吴进锋，陈利雄，张汉华，等，2006a. 2 种东风螺繁殖及苗种生长发育的比较 [J]. 南方水产，2（1）：39-42.

吴进锋，陈利雄，张汉华，等，2006b. 台湾东风螺人工繁殖及苗种生物学的初步研究 [J]. 海洋科学，30（9）：92-95.

许德超，朱婷婷，阳立平，等，2020. 溶解氧对生物接触氧化＋生物流化床联合脱氮效果的影响 [J]. 环境污染与防治，42（12）：1557-1562.

杨章武，郑雅友，李正良，等，2006. 低盐度对方斑东风螺摄食与生长的影响 [J]. 台湾海峡，25（1）：35-40.

叶乐，赵旺，胡静，等，2016. 底沙粒径对方斑东风螺存活、生长和养殖底质的影响 [J]. 琼州学院学报，23（2）：80-85.

张晓娜，何嘉莉，陈丽珠，等，2016. 溶解氧对去除高氨氮待滤水的影响 [J]. 城镇供水，2：21-23.

张扬波，杨章武，2011. 东风螺水泥池养殖两种铺沙方式的比较 [J]. 福建水产，33（4）：27-30.

赵旺，谭春明，张玥，等. 2019. 盐度胁迫对方斑东风螺行为活动及消化酶活性的影响 [J]. 渔业现代化，46（5）：41-45.

第五章

东风螺育苗

第一节　生物饵料培养

一、东风螺育苗常用的单细胞藻类

目前，东风螺育苗常用的单细胞藻类有：微绿球藻（*Nannochloropsis oculata*）、小球藻（*Chlorella vulgaris*）、亚心形扁藻（*Platymonas subcordiformis*）、湛江等鞭金藻（*Isochrysis zhanjiangensis*）球等鞭金藻（*Isochrysis galbana*）和牟氏角毛藻（*Chaetoceros muelleri*）等。

（一）微绿球藻

细胞球形，直径 2~4μm，单独或聚集。色素体 1 个，淡绿色，侧生。眼点圆形，淡橘红色，平时由于色素体颜色较深不易观察到。没有蛋白核，有淀粉粒 1~3 个，明显，侧生。细胞壁极薄，不易观察到。二分裂繁殖，细胞分裂为 2 个子细胞。细胞分裂后，子细胞由母细胞的细胞壁裂开处脱出。盐度 4~36、温度 10~36℃、pH 7.5~8.5 的海水中均能繁殖、生长，最适温度 25~30℃，光照强度 10 000 lx。

一般培养液配方：

试剂	剂量
硝酸钠	30mg
尿素	3mg
磷酸二氢钾	0.5mg
柠檬酸铁（1%溶液）	0.2mL
维生素 B_1	200μg
维生素 B_2	0.2μg
人尿	1.5mL
海水	1 000mL

培养绿藻、金藻、硅藻均可使用，培养硅藻时可加入硅酸钠 20mg/L。韩福光等（2019）报道了微绿球藻优化培养基，以期提高其生长速率，降低生产成本。以宁波大学 3♯配方为基础微藻培养液，以乙酸钠为碳源，硝酸钾、尿素和氯化铵为氮源，磷酸二氢钾和磷酸二氢钠为磷源，硫酸亚铁和柠檬酸铁为铁源。通过单因素和正交实验，研究了碳、氮、磷、铁、维生素 B_1 和维生素 B_{12} 等主要营养元素对微绿球藻生长、繁殖的影响，

获得了以天然海水为基础的微绿球藻优化培养基：3 g/L CH$_3$COONa、20 mg/L NH$_4$Cl -
N、2 mg/L KH$_2$PO$_4$ - P、3 mg/L FeSO$_4$ - Fe、0.05 mg/L 维生素 B$_1$ 和 0.005mg/L
维生素 B$_{12}$；采用优化培养基与宁波大学 3#培养基对比培养微绿球藻。结果表明，培养
2～6 d，优化培养基收获微绿球藻的生物量（细胞密度）比宁波大学 3#培养基分别提高
了 2.21、2.55、2.30、1.97、1.7 倍；培养 6 d，优化培养基中微绿球藻收获的生物量
（细胞密度）达到 1.74×10^{7}个/mL，是宁波大学 3#培养基的 1.7 倍。优化培养基极显著
地提高了微绿球藻的生物量，是微绿球藻的良好培养基。

乙酸钠浓度筛选试验中的微绿球藻初始接种密度为 9.33×10^{5}个/mL。从图 5-1 可
知，添加不同质量浓度的乙酸钠进行培养均可快速提高微绿球藻的生长速率（$P <$
0.01），其中以 3 g/L 乙酸钠促进微绿球藻生长的效果最优。在此模式下，氮源和磷源显
著影响微绿球藻的生长（图 5-2、图 5-3）。

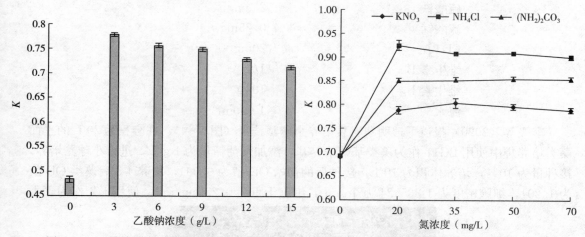

图 5-1 乙酸钠浓度对微绿球藻生长的影响 　 图 5-2 氮源种类及浓度对微绿球藻生长的影响

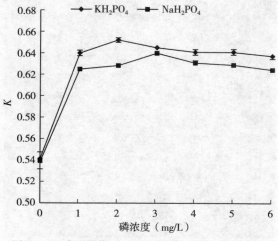

图 5-3 磷源种类及浓度对微绿球藻生长的影响

（二）小球藻

细胞球形或椭圆形，单生或聚集成群。细胞壁厚，较坚硬。色素体1个，杯状或片状，具1个蛋白核。繁殖时每个细胞分裂成2、4、8或16个亲孢子，亲孢子经母细胞壁破裂后释放出来。淡水和海水都有分布。正常情况下小球藻悬浮在水中，环境不良时往往会下沉。小球藻适盐范围很广，可在淡水和盐度45的海水中生长繁殖。10～36℃范围内能迅速繁殖，不同藻株间存在差异。低温藻株最适温度为25～30℃，高温藻株最适温度为35～40℃。pH 5.5～8.0有利于小球藻生长，光照强度10 000lx左右。

小球藻培养液：

试剂	剂量
硝酸钾	100mg
磷酸二氢钾	10mg
硫酸铁	2.5mg
硫酸锰	0.25mg
EDTA	20mg
维生素 B_1	1μg
维生素 B_{12}	10μg
海水	1 000mL

李飞等（2020）报道了透明塑料袋培养小球藻技术（图5-4）。在容积为20 L的平面藻类培养袋中使用BG11作为藻类基础培养基，添加葡萄糖量为1 g/L，进行小球藻培养。接种量为10%，培养体积为10 L，接种后的初始OD值为0.091，培养4 d后藻类OD值为1.201，细胞密度为1 835.24万个/mL，细胞干重为0.25 mg/mL。使用f/2作为藻类

图5-4　透明塑料袋培养小球藻

基础培养基，添加葡萄糖 1 g/L，进行小球藻培养。接种量为 10%，培养体积为 10 L，接种后的初始 OD 值为 0.091，培养 4 d 后藻类 OD 值为 0.974，细胞干重为 0.20 mg/mL，细胞密度为 1 481.02 万个/mL。使用复合肥培养基作为藻类基础培养基，复合肥添加量为 1 g/L，再添加葡萄糖 1 g/L，进行小球藻培养。接种量为 10%，培养体积为 10 L，接种后的初始 OD 值为 0.091，培养 4 d 后藻类 OD 值为 0.641，细胞密度为 963.32 万个/mL，细胞干重为 0.14 mg/mL。

在容积为 40 L 的鱼苗尼龙袋中使用复合肥培养基作为藻类基础培养基，复合肥添加量为 1 g/L，再添加葡萄糖 1 g/L，进行小球藻培养。接种量为 10%，培养体积为 10 L，接种后的初始 OD 值为 0.092，培养 5 d 藻类 OD 值为 0.601，细胞密度为 901.04 万个/mL，细胞干重为 0.13 mg/mL。添加葡萄糖有利于小球藻的生长。

（三）亚心形扁藻

单细胞，两侧对称，扁平。细胞呈卵形，前端较宽，中间有一个浅的凹陷，于凹陷处伸出 4 条鞭毛。有一个大型杯状色素体，蛋白核位于其中，有一红色眼点比较稳定地位于蛋白核附近。长 11~14 μm，宽 7~9 μm，厚 3.5~5.0 μm，靠鞭毛在水中快速运动。无性生殖，细胞纵分裂成 2 个子细胞，环境不良时形成休眠孢子。亚心形扁藻盐度适应范围很广，盐度 8~80 的海水均能繁殖，最适盐度 30~40。温度适应范围较广，7~30℃ 均能繁殖，最适温度 20~28℃。pH 范围 6~9，最适 7.5~8.5。光照强度 1 000~20 000 lx 均能生长繁殖。

亚心形扁藻培养液：

试剂	剂量
硝酸钠	50 mg
磷酸二氢钾	5 mg
柠檬酸铁（1%溶液）	0.2 mL
维生素 B_1	200 μg
维生素 B_{12}	0.2 μg
人尿	2 mL
海水	1 000 mL

陈晓娟等（2015）报道，为了促进营养价值比较高的饵料微藻——亚心形扁藻快速生长，对其最适培养条件进行了研究。采用单因素和正交实验分别对亚心形扁藻生长的光照、温度、氮源以及四种主要营养盐条件进行优化。结果表明：该亚心形扁藻的最适氮源为尿素，最适生长条件为光照强度 3 000 lx、温度 28℃、尿素浓度 0.037 5 g/L、NaH-CO_3 浓度 0.09 g/L、$FeCl_3 \cdot 6H_2O$ 浓度 5 mg/L、KH_2PO_4 浓度 8.4 mg/L。在此条件下，亚心形扁藻的生长情况良好，生物量最大吸光度（OD_{680}）可达 0.686，是优化前的 2.18 倍。

从整体上看，温度 25℃ 条件下，亚心形扁藻的生长速率随光照强度的增加，呈先增加后减小的趋势。前 7 d，在光照强度为 3 000 lx 和 4 000 lx 时，亚心形扁藻的生长效率相当。但随着培养时间的增加，光照强度为 4 000 lx 时亚心形扁藻生长速率变缓（图 5-5）。观察发现其藻体也由绿色变成了黄绿色、黄色，且镜检观察到部分藻体形状发生改变。可见短时间的强光照对亚心形扁藻生长速率有一定的促进作用，但长时间的强光照射对亚心形扁藻的生长不利。而光照强度为 3 000 lx 时亚心形扁藻的生长速率相对较大，在整个生长周期中，亚心形扁藻生长正常。同时利用软件分析可知，光照强度 3 000 lx 条件下，亚心形扁藻的生物量与其他光照条件下的生物量差异显著（$P \leqslant 0.05$）。因此，亚心形扁藻的最适生长光强为 3 000 lx。

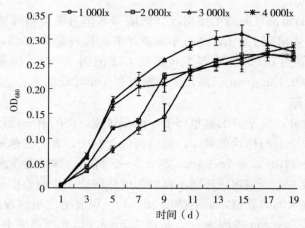

图 5-5　不同光照强度对亚心形扁藻生长的影响

　　温度是影响藻类生长的重要环境因素之一。在光照强度为 3 000 lx 条件下，3 个温度梯度实验的结果见图 5-6，不同的温度对亚心形扁藻生长的影响程度不同。整体而言，亚心形扁藻的生物量呈先上升后下降的趋势。在不同温度条件下，亚心形扁藻的生物量差异显著（$P \leqslant 0.05$）。当温度为 28℃时，亚心形扁藻的生长量最大，因此，28℃为亚心形扁藻生长的最适温度。

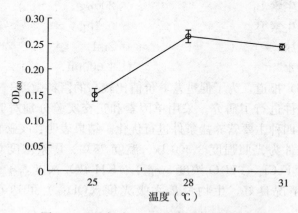

图 5-6　温度对亚心形扁藻生物量的影响

　　磷是生物体内广泛存在且十分重要的元素之一，是生物体内合成 ATP、核酸、磷脂等多种化合物的基本元素，在微藻的生长繁殖过程中起着重要作用。KH_2PO_4 对亚心形扁藻的生物量有一定的影响，且不同浓度的 KH_2PO_4 对藻类生长生物量差异显著（$P \leqslant$

0.05)。KH_2PO_4 浓度在 2.4~8.4 mg/L 时，对亚心形扁藻的生长发育具有明显的促进作用；当浓度大于 8.4 mg/L 时，亚心形扁藻的生长出现下降趋势；当 KH_2PO_4 浓度为 8.4 mg/L，OD_{680} 值最高可达 0.576，因此单因素 KH_2PO_4 的最适浓度为 8.4 mg/L（图 5-7）。

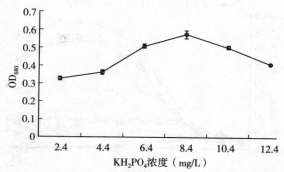

图 5-7　不同浓度的 KH_2PO_4 对亚心形扁藻生长的影响

（四）湛江等鞭金藻

细胞卵形或球形，大小（6~7）$\mu m \times$（5~6）μm，细胞被几层鳞片覆盖。在细胞前端有 2 条等长的鞭毛伸出，鞭毛之间具一退化的附鞭。色素体 2 个，片状，金黄色。细胞二分裂繁殖，未见形成内生孢子，遇不良环境形成胶体群。盐度 10~50 环境中能正常生长，最适盐度 22.7~35.8。生长温度为 9~35℃，最适温度 25~32℃，超过 37℃时死亡。pH 适应范围 6~9，最适范围 7.5~8.5。光照强度 1 000~31 000lx 能正常生长，最适光照强度 5 000~11 000lx。

湛江等鞭金藻培养液：

试剂	剂量
硝酸钠	50mg
磷酸二氢钾	4mg
硫酸铁（1%溶液）	5 滴
人尿	1.5mL
海水	1 000mL

蔺红苹等（2020）探究了湛江等边金藻高密度养殖的方法。通过对细胞密度、细胞大小、细胞干重以及叶绿素含量 4 项指标的测定，分析了 pH、盐度对湛江等鞭金藻生长的影响。结果表明，在 pH 为 7.5、盐度为 23 时，湛江等鞭金藻的细胞密度、细胞干重、细胞大小及叶绿素含量最大，且生长速率最快，指数生长期长，为实现湛江等鞭金藻简易条件下高密度培养，解决海洋经济动物幼体基础饵料缺乏的问题提供了理论依据。

pH 对湛江等鞭金藻的影响：实验初期，在 pH 7.0~8.5 下，金藻增长速率较快；在 pH 5.5~6.5 下，增长速率缓慢；在强碱性的环境条件，即 pH 9.5 时，湛江等鞭金藻没有出现增殖且数量减少（图 5-8）。实验中期，湛江等鞭金藻在 pH 7.0~8.5 的条件下生长旺盛，17d 时细胞密度均达到最大，约 3×10^6 个/mL；在 pH 为 7.5 时生长态势最好，达到 4×10^6 个/mL。实验后期，湛江等鞭金藻因为营养物质缺乏，增长速率下降。

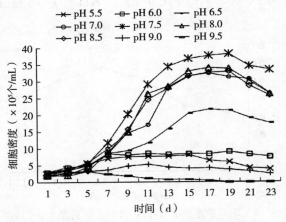

图 5-8 不同 pH 水平时湛江等鞭金藻生长曲线

盐度对湛江等鞭金藻生长的影响：生长初期，在盐度 10～30 的范围内，湛江等鞭金藻均出现不同程度的增长。盐度为 35 时，等鞭金藻的数目不断减少，死亡速率高于增长速率。而盐度为 40 时，湛江等鞭金藻没有出现增长，逐渐死亡。在盐度较高的环境里，湛江等鞭金藻的生活受到抑制。盐度 20 和盐度 25 时，湛江等鞭金藻的增长速度接近，均在 17 d 时速率达到最大，且生长量也达到最大。在适应范围内又存在最适盐度范围，在此范围内生长繁殖最快。一旦超过适盐范围，过高或过低的盐度对藻类细胞均会造成伤害，直至死亡（图 5-9）。

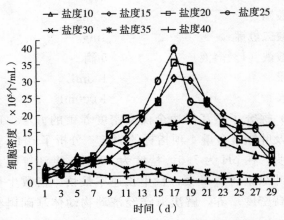

图 5-9 夏季常温不同盐度水平下湛江等鞭金藻的生长曲线

湛江等鞭金藻的细胞干重在 pH 7.5 时最大；当 pH 小于 7.5 时，细胞干重随着 pH 的增大而增大；当 pH 大于 7.5 时，细胞干重基本随着 pH 的增大而减小（图 5-10）。

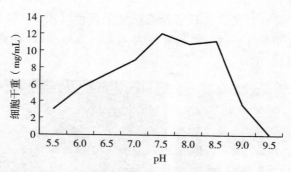

图 5-10　不同酸碱度水平湛江等鞭金藻细胞干重变化

叶绿素是绿色植物光合作用的基础物质，可反映植物的生长发育状况、生理代谢变化以及营养状况，并且可作为环境生理研究的参考指标。在不同的 pH 下，湛江等鞭金藻叶绿素含量相差较大，中性偏酸或者是强碱的环境均不适宜湛江等鞭金藻生存。在 pH 为 7.0～8.5 时，叶绿素含量较高，峰值出现在 pH7.5 时（图 5-11）。

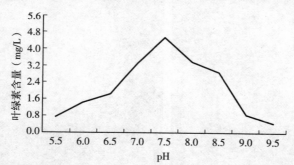

图 5-11　不同酸碱度水平湛江等鞭金藻叶绿素含量变化

（五）球等鞭金藻

单细胞，形态多变，但大多呈椭圆形。细胞前端具 2 条等长的尾鞭型鞭毛，其长度为细胞的 1～2 倍。具 2 个大而伸长的色素体。细胞核 1 个，通常位于细胞中央。一般活细胞长 4.4～7.1 μm，宽 2.7～4.4 μm，厚 2.4～3.0 μm。一般为无性二分裂繁殖，环境不良时通常形成特殊孢囊——内生孢子，环境变好时内生孢子分裂成 16 个新的裸露的藻体放出。球等鞭金藻在淡水中不能生长，盐度从 0～10 时生长率急剧上升达到峰值，直到盐度为 30，其生长几乎无变化，盐度超过 30 时生长减慢。10～35℃温度范围内能正常繁殖，最适温度为 25～30℃。最适 pH 7.5～8.5，pH 超过 8.75 时，生长繁殖受到抑制。最适光照强度 7 000～9 000lx。

姬恒等（2021）探索了球等鞭金藻的异养培养条件。以球等鞭金藻 3011 为研究对象，对其进行避光异养培养，采用单因素实验，找出适合其异养生长的碳源、氮源及磷源。结果表明，葡萄糖、尿素和磷酸二氢钾分别为较适于球等鞭金藻异养培养的碳源、氮源和磷源。异养状态下球等鞭金藻生物量较高，在葡萄糖浓度 40 g/L、尿素 1.0 g/L、KH_2PO_4 13.6 mg/L 时微藻培养效果最佳，30 ℃下培养 48 h 微藻密度达 10^9 个/mL，培养 96 h 密

度超过 10^{10} 个/mL。

显微观察发现，球等鞭金藻的自养培养藻液呈金黄色（图 5 - 12），异养培养藻液呈白色，藻细胞较小，自养条件下微藻细胞直径为 4.5 ～ 5.0 μm，异养条件下仅为 2.0 ～ 3.0 μm，且微藻活动性减弱。

图 5 - 12　自养（左）和异养（右）培养的球等鞭金藻

不同碳源条件下，球等鞭金藻生长表现不同。以甘油和乙醇为碳源时，培养过程中金藻生物量基本未增加，不适合作为异养碳源。乙酸钠为碳源时，金藻生物量增长缓慢。以淀粉、葡萄糖和蔗糖为碳源时，金藻生物量增长明显。在同碳源浓度实验中，培养 96 h后，除葡萄糖组仍处生长期外，各组均进入平稳期，因此提前结束实验。淀粉对金藻异养培养的促进作用显著低于葡萄糖和蔗糖，培养 72 h，淀粉组金藻密度为 1.3×10^9 个/mL，低于葡萄糖组 2.4×10^9 个/mL，而蔗糖组培养 60 h 藻细胞浓度即达到 2.2×10^9 个/mL，之后生物量逐渐降低。以葡萄糖为碳源，培养 96 h 时，藻细胞密度达到 3.8×10^9 个/mL。同碳元素浓度组实验表明，葡萄糖对金藻异养培养的促进作用最佳，培养 96 h，藻细胞密度即达到 7.19×10^8 个/mL，蔗糖次之（$P < 0.05$）。两组实验均表明，异养条件下葡萄糖更易被异养的球等鞭金藻吸收利用，即葡萄糖为微藻异养培养的最佳碳源。

碳源浓度对球等鞭金藻异养培养的影响：葡萄糖浓度对金藻生长的影响见图 5 - 13。金藻异养培养到 42 h 进入对数生长期，之后藻细胞浓度随葡萄质量浓度的升高而逐渐升高，在 40 g/L 时到达拐点，之后开始逐渐下降。葡萄糖质量浓度为 10、20 g/L 时，金藻生长较缓慢，培养 96 h 时，葡萄糖质量浓度为 40、50、60、70 g/L 四组藻细胞密度均在

5×10^9 个/mL 左右，无显著差异（$P > 0.05$），培养到 144 h 时，各组有明显差异（$P < 0.05$），其中葡萄糖质量浓度为 40 g/L 时，达到 1.2×10^{10} 个/mL，测得生物量为 22.16 g/L，为金藻异养培养的最适葡萄糖浓度。

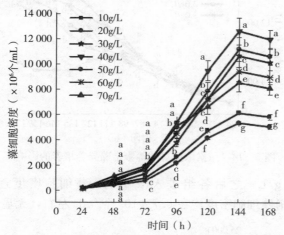

图 5-13　葡萄糖浓度对球等鞭金藻异养培养的影响

　　氮源种类对球等鞭金藻异养培养影响的实验中，98h 后除尿素组仍处生长期外，各组均进入平稳期，因此提前结束实验。与对照组相比，不同氮源对球等鞭金藻异养培养均有不同程度的促进作用，以 NH_4NO_3、NH_4Cl、$(NH_4)_2SO_4$、酵母浸粉、胰蛋白胨为氮源，金藻生长缓慢，藻细胞密度较低。尿素组与其他实验组在 98 h 时均有显著性差异（$P < 0.05$）。以尿素和 $NaNO_3$ 作为氮源，培养前 80 h 藻细胞密度相差不大，比生长速率相近，分别为 4.72% 和 4.47%，培养至 98 h 尿素组微藻密度达 9.6×10^9 个/mL（生物量为 18.35 g/L），高于 $NaNO_3$ 组的 7.1×10^9 个/mL。

　　不同氮元素组实验表明，NH_4NO_3 作为氮源对金藻异养培养有一定促进作用，前 120 h 胰蛋白胨、$NaNO_3$ 和尿素组微藻的生长状况相近，120 h 后尿素组微藻生物量高于 $NaNO_3$ 和胰蛋白胨组，在 144 h 分别达 2.2×10^{10}、1.79×10^{10}、1.48×10^{10} 个/mL，生物量分别为 38.56、31.87、26.84 g/L。因此尿素是球等鞭金藻异养培养的最适氮源。此外，金藻快速繁殖时大量消耗氮源，有机氮源中，尿素含氮量最高且价格便宜，是金藻异养培养合适选择。

　　氮源浓度对球等鞭金藻异养的影响：以 40g/L 葡萄糖作为碳源，不同尿素浓度下微藻的生长情况见图 5-14。藻细胞密度随培养时间的增加而增加，培养 98 h 时藻细胞密度达 7.0×10^9 个/mL 左右。98h 后，尿素质量浓度为 0.2 g/L 组由于氮源耗尽，金藻密度有所下降。其他浓度组，以质量浓度 1.0 g/L 组生长最佳，培养 98 h 时藻细胞密度可达 9.7×10^9 个/mL。

　　磷源种类对球等鞭金藻异养的影响：以 40g/L 葡萄糖为碳源、1.0 g/L 尿素为氮源进行微藻异养培养，不同磷源下的金藻生长状况见图 5-15。与对照相比，3 种磷源均对金藻异养有不同程度促进作用。KH_2PO_4 组藻细胞密度分别与 Na_2HPO_4 组和 NaH_2PO_4 组存在显著性差异（$P < 0.05$）。培养 96 h 时，KH_2PO_4 组藻细胞密度达 2.13×10^{10} 个/mL，

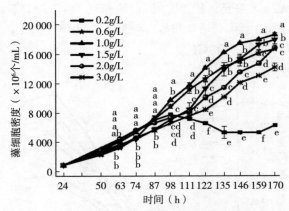

图 5-14　尿素浓度对球等鞭金藻异养培养的影响

测得生物量为 37.42 g/L。之后各组进入平稳期，藻细胞密度逐渐下降，在 144 h，KH_2PO_4 和 NaH_2PO_4 组藻细胞密度均在 6.7×10^9 个/mL 左右，无显著差异（$P > 0.05$）。

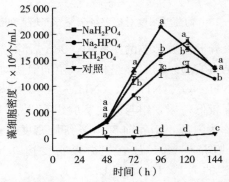

图5-15　磷源种类（磷浓度 10^{-4} mol/L）对球等鞭金藻异养培养的影响

（六）牟氏角毛藻

细胞小，细胞壁薄，大多数单细胞，也有 2～3 个细胞相连组成群体。椭圆形或圆形，中央部分略突出，壳环面呈长方形。环面观细胞大小宽 $3.45～4.60\mu m$，长 $4.6～9.2\mu m$。角毛细而长，末端尖，自细胞壁四角生出。细胞内具一片状黄褐色的色素体。一般为无性二分裂繁殖，环境不良时可形成休眠孢子。角毛藻为沿岸半咸水种类，适宜的盐度为 2.56～35.0，最适盐度范围 22～26。在 10～40℃ 范围内能生长繁殖，最适温度 25～35℃。适宜 pH 6.4～9.5，最适 pH 8.0～8.9。最适光照强度 10 000～15 000lx。

栾会妮等（2019）报道了不同盐度下耐高温角毛藻藻株生长密度随培养时间的变化趋势（图 5-16）。初始种群密度相同，均为（3.19 ± 0.00）$\times 10^4$ 个/mL，耐高温角毛藻藻株在本研究中设置的盐度梯度 2.5～35 范围内均能生长；总体上，随着盐度的增加，角毛藻藻株种群密度增加。随着培养时间的增加，盐度 15、20、25、30、35 处理组均表现为种群密度先增加后减少的变化趋势，其中，在 1～3 d 增长缓慢，4～10 d 增长较为迅速，11 d 开始增长趋缓，13 d 起种群密度逐渐开始下降。盐度 2.5、5 和 10 处理组大部分时间种群密度显著低于其他处理组但一直呈上升趋势。盐度 30 处理组耐高温角毛藻藻株的种群密度在 5 d、7～14 d 显著高于其他处理组（$P<0.05$），其中 12 d 种群密度高达 $(240.71\pm3.34)\times10^4$ 个/mL，平均值的 95% 的置信区间下限、上限分别为 232.41×10^4 个/mL、249.01×10^4 个/mL，13～17 d，种群密度逐渐下降，17 d 时其种群密度仅高于盐度 2.5、5 和 35 处理组，而低于其他处理组。盐度 10 处理组从 16 d 起种群密度显著高于其他处理组（$P<0.05$）。盐度 2.5 和 5 处理组在整个实验期间种群密度一直显著低于其他处理组（$P<0.05$）。

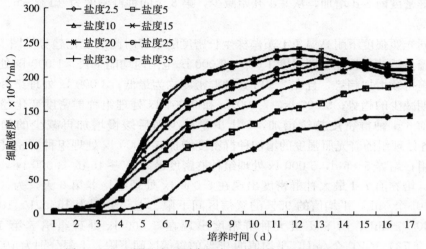

图 5 - 16　不同盐度下耐高温角毛藻藻株生长密度的变化

在 15 d 培养期内，不同温度下耐高温角毛藻藻株生长密度随培养时间的变化情况见图 5 - 17。可见，耐高温角毛藻藻株在水温 15～35 ℃ 范围内均能生长。与不同盐度处理类似，前 6 d，随着温度的增加，耐高温角毛藻藻株的种群密度逐渐增加且各温度处理组

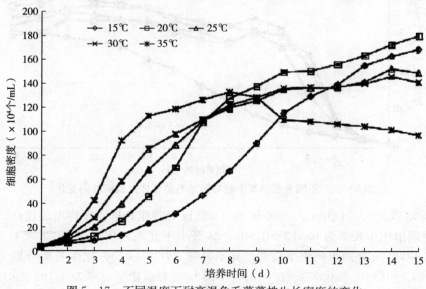

图 5 - 17　不同温度下耐高温角毛藻藻株生长密度的变化

之间均存在显著差异（$P<0.05$），并且随着培养时间的增加，各处理间均表现为种群密度逐渐增加。初始种群密度均为（3.19 ± 0.00）$\times10^4$ 个/mL，在整个培育阶段，各处理间又有所不同，15 ℃和 20 ℃处理组种群密度均一直保持上升趋势，至培养结束时种群密度分别为（168.07 ± 2.28）$\times10^4$ 个/mL 和（179.44 ± 1.90）$\times10^4$ 个/mL；25 ℃和 30 ℃处理组种群数量变化接近，前 14 d 一直呈上升趋势，15 d 才开始下降，第 14 天的种群密度分别为（151.85 ± 1.59）$\times10^4$ 个/mL 和（145.53 ± 1.46）$\times10^4$ 个/mL；35 ℃处理组种群密度前 8 d 增加，从 9 d 开始减少，第 8 天的种群密度为（132.26 ± 0.36）$\times10^4$ 个/mL。

在不同光照强度下耐高温角毛藻藻株生长密度随培养时间的变化趋势见图 5-18。可见，耐高温角毛藻藻株在光照强度 1 000～9 000 lx 范围内均能生长。1 000 lx 处理组种群密度一直呈持续增加趋势，且在 2～14 d 种群密度均为最低；3 000 lx 处理组种群密度呈先增加后期减少的趋势；5 000 lx、7 000 lx 和 9 000 lx 处理组种群密度变化趋势基本一致，呈现前 6 d 种群密度持续增加，7 d 少量减少而后缓慢增加再减少的趋势。培养 1～4 d，各处理组随着光照强度的增加种群密度增加，9 000 lx 处理组种群密度显著高于其他处理组；培养 5～6 d，5 000 lx 处理组种群密度最高；7～15 d，3 000 lx 处理组种群密度最高。培养前 7 d 最大种群密度出现在 5 000 lx 处理组培养第 6 天，为（168.07 ± 1.67）$\times10^4$ 个/mL，平均值的 95％的置信区间下限、上限分别为 163.91×10^4 个/mL、172.22×10^4 个/mL；后 8 d 最大种群密度出现在 3 000 lx 处理组培养第 13 天，为（197.33 ± 0.73）$\times10^4$ 个/mL，平均值的 95％的置信区间下限、上限分别为 195.52×10^4 个/mL、199.15×10^4 个/mL。

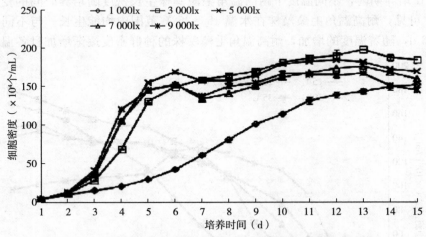

图 5-18　不同光照强度下耐高温角毛藻藻株生长密度的变化

此外，培养 5 d，5 000 lx、7 000 lx 和 9 000 lx 处理组种群密度均出现拐点。培养 5 d，1 000 lx 处理组比生长率为 0.513 ± 0.005，显著小于其他处理组（$P<0.05$）；3 000 lx、7 000 lx 和 9 000 lx 处理组间比生长率差异不显著（$P>0.05$），比生长率分别为 0.768 ± 0.000、0.773 ± 0.001 和 0.772 ± 0.003；5 000 lx 处理组比生长率为 0.793 ± 0.002，显著高于其他处理（$P<0.05$）；对不同光照强度下耐高温角毛藻藻株比生长率回归分析得：

$y = -1 \times 10^{-8} x^2 + 0.000\ 1\ x + 0.424$ ($R^2 = 0.885\ 4$)，由回归方程得最适光照强度为 5 000.0 lx，适宜光照强度范围为 2 403.9～7 596.2 lx。培养 11 d，1 000 lx 处理组比生长率为 0.343 ± 0.002，显著小于其他处理组（$P < 0.05$）；3 000 lx 和 5 000 lx 处理组比生长率显著高于其他处理组（$P < 0.05$）；对不同光照强度下耐高温角毛藻藻株比生长率回归分析得：$y = -1 \times 10^{-9} x^2 + 0.000\ 01x + 0.334\ 6$（$R^2 = 0.758$），由回归方程得最适光照强度为 5 000.0 lx，适宜光照强度范围为 996.7～10 996.7 lx。

另外，培养前期即 1～4 d 低密度阶段，随着光照强度的增加，种群密度增加，高光照强度处理组生长优于低光照强度处理组；培养中期即 5～6 d，5 000 lx 处理组生长优于其他处理组；培养后期即 7～15 d，3 000 lx 处理组生长优于其他处理组；1 000 lx 处理组在培养的大部分时间里生长显著差于其他处理组（$P < 0.05$）。

二、培养单细胞藻类的肥料

大面积培养单细胞藻类时，经常使用的肥料有有机肥、无机肥及最新研制的复合肥料等。

1. 有机肥

经常使用的有机肥有粪肥、绿肥、混合堆肥等。有机肥肥效持久，但耗氧量多，条件致病微生物含量高，使用之前必须进行发酵腐熟。繁殖单细胞藻类时，一般要施足基肥，然后根据水质肥瘦、养殖生物的生长活动情况、天气情况等进行追肥。

（1）粪肥 将动物粪便充分发酵腐熟，根据养殖需要在育苗或放养动物苗种前 15d，将一定量的发酵粪便堆放在池的四角，或将发酵粪便滤掉残渣后，用其汁液泼洒。

（2）绿肥 根据养殖需要在育苗或放养动物苗种前 15d，将一定量的无毒、无刺激、易腐烂的新鲜嫩草堆放在池的四角，全部浸没在水中，用泥土等压紧。

2. 无机肥

种类有氮肥、磷肥、钙肥等。氮肥有硫酸铵、氯化铵、尿素等；磷肥有过磷酸钙、磷酸二氢钠等；钙肥有生石灰等；还有中国水产科学研究院黄海水产研究所研制的含有铁、锰、锌、铜、钴等多种微量元素的复合肥等。在海洋单细胞藻类的封闭或半封闭培养期间，还经常使用硅肥（硅酸钠等）、铁肥（柠檬酸铁等）。不同藻类培养液配方有差异。

3. 新型复合肥料

种类很多，如"肥水素""肥水王""科学专用鱼 A 型肥""科学专用鱼 B 型肥"等。

东风螺幼体的开口饵料是单细胞藻类。藻类培养一般分为 3 级，各级培养在设备容积上差别显著。一级培养也叫保种，在光线充足的室内进行。一级培养设备容积较小，通常有：100 mL、500 mL、1 000 mL、5 000 mL 三角烧瓶，10 000 mL、20 000 mL 细口玻璃瓶，8 000～10 000 mL 糖果缸，以无色透明、无气泡的玻璃材质为佳。二级培养也叫中间培养，在室外进行，设备容积有所增加，通常用 50L 的白色塑料桶，桶口边沿钻一个小孔，以便增氧管通过，桶口覆盖透明塑料薄膜，便于透光、防雨、防尘、防污染。塑料桶消毒后可反复使用。三级培养也叫规模化培养，设备容积 4～10m³，一般是室外水泥池。水泥池采用半埋式，和养殖池类似。条件允许的养殖场，藻类池上方可架设透明板，既透光，又可以防尘、防雨水、防污染。

单细胞藻类定向培养要注意水体消杀，防止其他藻类或轮虫、桡足类污染，影响藻类繁殖。一级培养容量小，通常把海水煮沸，杀死其中的藻类、轮虫等；二级、三级培养容量大，通常采用漂白粉消杀，氯的当量约 $10g/m^3$.

三、单细胞藻类培养方法

单细胞藻类是鱼、虾、蟹、贝等的直接或间接饵料单细胞藻类培养的好坏，往往决定育苗的成败。单细胞藻的种类及组成使养殖水体表现出不同的颜色，水体中单细胞藻类的优劣决定了鱼、虾、蟹、贝等的生态环境的好坏。培养单细胞藻类有多种方法。

（一）在自然水域中直接培养单细胞藻类

在目前的大部分池塘养成及部分鱼、虾、蟹、贝等的育苗过程中，通常直接利用自然淡水或海水培养单细胞藻类。经过滤的海水或淡水里有硅藻、绿藻等各种单细胞藻类，有轮虫、桡足类、枝角类等各种浮游动物，有多种小型底栖动物等，利用、繁殖自然水体里本身就有的单细胞藻类，促进浮游动物、底栖动物等基础饵料生物的生长繁殖，是目前水产养殖过程中较为常见的基础饵料生物的培养方法，在大面积养殖中常用，统称肥塘，可为养殖生物提供充足的饵料和良好的生态环境。

（二）使用封闭或半封闭方式定向培养单细胞藻类

在大部分的海产动物育苗及一些生态高效养成过程中，通常使用封闭或半封闭的纯种单细胞藻类的三级培养（彩图8、彩图9、彩图10）。例如，河蟹土池育苗已兴起热潮，海水的鱼类、贝类、虾类等各种土池育苗也已开始，土池育苗的关键，就是在池塘里繁殖优质的充足的单细胞藻类，促使以单细胞藻类作为饵料的各种浮游动物、底栖动物等基础饵料生物的大量生长繁殖。要想使池塘里的单细胞藻类优质、稳产，目前最好的培养方法就是采用封闭或半封闭式的单细胞藻类的三级培养。一级培养在单细胞藻类的保种室里进行，多采用 $250\sim5\,000mL$ 的三角烧瓶；二级培养采用塑料桶、塑料袋充气培养；三级培养一般在水泥池进行。

四、单细胞藻类培养方法的改进

单细胞藻类与水产养殖息息相关，是鱼、虾、蟹、贝类等幼体的直接饵料，在水产养殖以及育苗过程中起着决定性作用。

贝类育苗中常用种类较多，有小球藻、塔胞藻、扁藻、金藻（等鞭金藻和叉鞭金藻）、硅藻（新月菱形藻）；海参育苗中常用种类有盐藻、角毛藻和新月菱形藻。以上几种藻类对温度、盐度、光照有着不同的适宜范围，在不同的育苗期可以提供相应的大量饵料。

培养方法主要有一级培养、二级培养、三级培养。在大规模生产中，饵料室条件好的、一级种源较多的可以省略二级培养，由一级培养直接到三级培养，下面就一级培养和三级培养分别作如下介绍。

1. 一级培养

容器工具主要是 500mL 三角烧瓶，根据生产规模决定需要多少，还有 1 000mL 三角烧瓶（配制营养液用）、10 mL 移液管、水桶、脱脂棉、毛巾、漏斗、棉手套等。

（1）消毒　海水和工具都采用加热消毒法，分别要烧开 1～2min，待凉后再用。

（2）扩种　藻种达到生长高峰期时是扩种的最佳时期。老方法是一瓶扩出一瓶，一次性按比例添加营养盐，这样大概 7d 一个周期。现在采用新方法，一瓶扩成三瓶，加水到 3 000mL，加营养液，3～4d 藻种达到指数生长期，加水到 5 000mL，同时加营养液，3d 后藻液浓度达到高峰，这样同样的时间可以多培养 1 瓶藻液。

2. 三级培养

（1）培育池　池深最好不要超过 1m，一般 80～90cm 为最佳，5～10m² 为一个培养池。

（2）消毒　水泥池要用清水冲洗干净。海水、工具要在接种前 1d 用含有效氯 100mg/L 的漂白液充气消毒，充匀后可停气，消毒时间要在 12h 以上，接种当天要用 100mg/L 硫代硫酸钠中和，充气搅匀检查无余氯后方可使用。

（3）施肥　营养盐的配制：硝酸钠 60mg/L、磷酸二氢钾 4mg/L、柠檬酸铁铵 0.45mg/L，硅藻类还可添加硅酸钠 4.5mg/L，小球藻类可添加尿素 4mg/L。营养盐根据需要按海水比例配置，可提前用烧开的海水配置好，根据需要添加。

（4）接种　海水经消毒处理、营养盐配好后可进行接种。首先在温度上要和藻液温度接近，温差最好＜3℃。其次选种，在质量上，选择生命力强、生长旺盛、颜色正、无沉淀、无吸附现象、无敌害生物污染的藻种；在数量上，藻种必须达到一定的浓度，要加大起始接种量，使一开始培养藻类就在培养中占优势，对敌害生物也起到抑制作用，又能缩短培养周期。接种比例一般为 1∶5。

五、单细胞藻类培养应注意的问题

对虾、河蟹、贝类育苗需要大量的单细胞藻类，单细胞藻类培养的好坏关系到育苗的成败，是水产动物育苗成败的首要决定因素。只有培养出大量的无原生动物污染的、鲜嫩的多种单细胞藻类，贝类等水产动物的人工育苗才能获得成功。

1. 藻种种源

同一类藻最好从不同地方采集，获得多个地理种群进行培养。在培养过程中分别放置在不同培养瓶中进行，这样可避免某一品种培养失败而带来的损失，也可获得适应本地区培养的品种。

2. 扩种

扩种用的烧瓶一定要消毒彻底，先用 1∶1 盐酸洗刷，再用 1∶5 盐酸加热煮沸 5～10 min。消毒处理好之后，用来盛装消毒过的海水，加热煮沸 1～2 min 之后，再用于一级藻种的扩种。最好每天早上 8∶00 左右分瓶，分瓶时注意瓶口不要互相接触，以免感染。每天定时摇瓶 3～4 次，摇瓶时务必使瓶底藻液旋起，以免使藻种形成沉淀或聚成团块状，同时也可防止附壁。用于扩大培养的水泥池，一定要用漂白液、酸处理后，再用消毒海水冲洗干净方可使用。

3. 管理

每天早晨、晚上要镜检，如果发现同题，应及时解决。对于金藻，若发现有原生动物，最好的方法是用 1mol/L HCl 处理 10～12h，再用 1mol/L NaOH 中和。对于新建水泥池，由于具有"反碱"现象，需每天测量 pH，并调节到适当范围内。培养池中的虫体，要随时发现，及时用网捞出。硅藻需要的温度较低，5 月中旬要注意开窗通风，使室温保持在 23 ℃左右，水温低于 20 ℃，否则硅藻会出现沉淀现象。随着季节的变化，水温逐渐增高，消毒海水用的漂白液剂量也要相应增加。用漂白液、硫代硫酸钠处理海水时，需充气，最好使海水循环起来，这样便于药物分布均匀，处理更彻底。所需营养盐应用加热的海水化开，再加入配水池中。扩种、分瓶、搅池子、加营养盐等操作之前，手要用75% 酒精消毒处理。水泥池台、地沟、地板随时用盐酸、漂白液消毒之后，再用消毒海水处理。处理消毒海水一般在晚上进行，水泥池扩种、一级藻种分瓶一般在上午进行。淀粉指示剂所需的淀粉需加热处理，溶液若有混浊一定要重新配制方可使用。经过以上严格操作，培养出的藻液无污染，藻体处于指数生长期、鲜嫩。

六、单细胞藻类培养中敌害生物的防治

单细胞藻类培养过程中一旦发现敌害生物是很难清除的，有时会造成整池或整批次藻类培养的失败。杀灭敌害生物应根据其危害方式、种类和途径选用不同方法、药品进行处理。

菅玉霞等（2008）报道：当培养藻液中出现轮虫、桡足类等大型敌害生物时，用 350目筛绢网袋反复过滤 3～4 次即可。当藻液中细菌大量繁殖时，表层出现菌膜，藻类生长缓慢，镜检可发现藻细胞 3～5 个粘连在一起，投青霉素 10 000IU/L，治疗 1～3d，可有效抑制细菌生长，对藻细胞无影响。当藻液中出现腹毛虫、尖鼻虫等大型原生动物时，施以 5mg/L 次氯酸钠溶液，经过 1.5～2h 镜检原生动物已全部死亡后，用硫代硫酸钠中和即可。处理后的藻液 1～2d 后可正常生长。

第二节　东风螺人工育苗

一、亲螺的采捕

东风螺亲螺可以用人工养殖的，也可以在自然海区捕捞。有竹笼诱捕和拖网捕捞 2 种采捕方法。竹笼诱捕是在东风螺自然分布的海区，傍晚时布好竹笼，竹笼内投鱼肉作为诱饵，第二天早上提起竹笼收获东风螺。竹笼诱捕东风螺的季节为 3—9 月，其中 3—5 月为旺季。另一种方法是渔船在东风螺分布海区底拖网作业，起网时可收获大量东风螺。我国福建、广东、广西和海南有方斑东风螺分布。在海南沿海，方斑东风螺主要分布在临高、儋州、文昌和万宁沿海。北部湾海域也有方斑东风螺分布，但捕捞量出现逐年下降的趋势。

二、亲螺的选择

从竹笼诱捕的东风螺中选择优质亲螺，或从养殖的东风螺中选择个体大的作为备用亲

螺。选择螺壳高 55mm 以上、体质量 40g 以上、体表无损伤、腹足健壮、色泽鲜艳、活动力强、贝壳无破损的个体作为亲贝。拖网捕捞的亲贝往往容易受伤，培养死亡率高。在亲贝来源充足的情况下，一般不用拖网捕捞的东风螺作亲贝。如果使用拖网捕捞的天然东风螺，必须经过几天的暂养观察，再严格挑选。

三、亲螺的运输

亲螺运输通常用干运和水运两种方法。干运是把东风螺置于泡沫箱中，46cm×46cm×28cm 的泡沫箱可盛装东风螺 15kg 左右，用浸湿的海绵或毛巾遮盖，可运输 5h 以上，不要超过 10h。如果在高温天气运输，可将冰块装入塑料袋后置于泡沫箱中，控制箱内温度 20～25℃。水运是把东风螺放置在透水性好的网兜或塑料笼中，避免贝体互相挤压，然后把亲螺放于事先准备好的盛有海水的塑料桶或木板水槽中，用车运输，运输途中连续充气，可运输 48h。另外，也有把东风螺放置于虾苗袋中，加入沙滤海水浸没螺体 3～5cm，充入氧气打包运输，可运输 10h 左右，运输温度控制在 20～25℃为好。

四、亲螺的培育

经过长途运输的亲螺，应放置于无沙层的水泥池暂养观察 1～2d。亲螺运抵养殖场后，对于干运的东风螺，用沙滤海水淋湿几次，即可暂养；对于水运的东风螺，用沙滤水缓慢替换运输时的低温水，水温一致后可暂养。亲螺放养前用 20mg/L 高锰酸钾消毒几分钟，用沙滤水冲洗干净，暂养池水深 60cm 即可。暂养期间如有死亡的个体，要及时清除。亲螺活动正常、摄食正常后，将其移至培育池强化培育。

亲螺培育池一般为 10～20m² 的室内或室外水泥池，室外水泥池上方设置 90％遮光率的遮阳网。池底架设专业塑料架，铺垫 60 目筛绢网，再铺 8cm 细沙。用高锰酸钾消毒，用沙滤水反复冲洗干净后使用。亲螺放养密度 40～60 个/m²，水深 60cm。投喂蟹类、虾类、鱿鱼、牡蛎肉等高蛋白饵料，蟹类破壳投喂，每天早、晚各投 1 次，饵料量为亲螺体重的 5％～10％，以略有剩余为佳。投饵 2h 后清除残饵。连续流水和充气，日流水量约为培育水体的 2 倍。

叶翚（2009）报道，东风螺亲螺培育 30d 洗沙子一次，排干池水，擦净池壁和散气管上的附着物，沙子用水枪冲洗干净。病害防治：坚持以防为主的原则，培育用水需洁净无污染，并经两次沙滤处理后才可使用。培育区需做好隔离消毒工作，杜绝外来病原体侵入，饵料必须新鲜、没经过药物处理。养殖的用具在使用前须用高浓度的高锰酸钾浸泡消毒。

五、卵囊的收集与孵化

亲贝经过 3～15d 的强化培育，开始交配产卵。交配产卵多在夜间进行，白天偶有发生。所产的卵囊以卵柄黏附在沙粒上，也有少量黏附于池壁。卵囊的大小和卵囊内的受精卵数量与亲螺个体大小有关。一般说来，亲螺个体越大，产出的卵囊越大，卵囊内的受精卵越多。方斑东风螺的交配与产卵有集群和相互诱导的特性，一个群体连续产卵几天后，停止产卵，过几天再产卵。所以，一般连续产卵 2～3d 收集卵囊一次，尽量减少对产卵亲贝的干扰，从而保证产卵量。收集卵囊在上午进行，先把池水排至 5cm 左右，再用手抄网把卵囊与黏附的沙粒一起收集到塑料筐中。用沙滤水冲洗干净，再用 100 mg/L 碘液消毒 2min，再冲洗干净即可把卵囊放入孵化池孵化。

收集的卵囊放置在规格为 30cm×20cm×8cm、孔径 0.5cm 的塑料筐中，借助泡沫使塑料筐始终处于漂浮状态，而卵囊浸没于海水中（彩图 11）。连续充气，保持氧气充足。当发现受精卵开始孵化时，把卵囊移到育苗池继续孵化。当幼体密度达到 100～200 个/L 时，把卵囊移到另一个育苗池，以此类推。水温 26～30℃、盐度 28～32、pH 8.0～8.3 时，卵囊经过 5～6 d 孵化，幼体破壳而出，孵化率 85%～98%。

六、幼体的培育

黄瑞等（2010）报道了方斑东风螺卵囊内胚胎发育形态学，可以直观认识东风螺的发育。在人工饲养的环境中，方斑东风螺雌螺一般把卵子产在光线较好、有适宜水流的场所，雌螺产卵时在池底缓慢移动，边移动边产卵。产卵时由产卵口先将卵囊的柄基部产出，将其黏附于沙层表面或硬基质上，再将整个卵囊产出。卵囊成簇分布，在水中呈漂浮状态。每只雌螺每次产卵囊数一般 10～20 个，多者有 50 多个。群体产卵活动时间一般自晚上 10:00 左右开始至天亮，卵囊呈截形叶状，透明，可清楚地看见卵粒，受精卵悬浮在卵囊内的蛋白液中。卵囊全长为 3.0～4.4 cm，宽为 1.00～1.48 cm，平均全长为 3.95 cm，平均宽为 1.33 cm，卵囊长为 2.0～3.2 cm，平均长为 2.72 cm。卵囊长短不一，囊内受精卵的数量也有显著差异，少则 500 多粒，多者达 1 600 粒左右，平均值为 1 200 粒。

刚产出的受精卵呈长圆形，平均长径为 343.68 μm，平均短径为 254.53 μm。卵囊产出后约 10 min，受精卵长径开始缩短，产出后约 30 min 变为椭圆形或圆形，直径为 280～308 μm。产出后约 35 min 放出第一极体，约 1 h 后放出第二极体，2 个极体上下重叠。同一个卵囊内的受精卵的发育基本同步，整个胚胎发育在卵囊中进行。极叶在产卵后 30～40 min 出现，动物极先出现细小的刚毛状突起，随即成为丘状半透明突起。

产卵后约 2 h，出现第一次分裂的纵向分裂沟，细胞分裂成为大小相等的 2 个细胞，2 个细胞较为分开。产卵后约 4 h，开始第二次分裂，为经裂，形成 4 个大小相等的分裂球。第三次分裂为纬裂，以螺旋状不等裂方式进行细胞分裂，动物极 4 个小分裂球，植物极 4 个大分裂球。随后其继续分裂进入多细胞期。胚胎的细胞数不断增加，大量的透明小细胞聚集在动物极，形成小帽状胚盘，并逐渐向植物极下包直至完全包裹，胚胎发育到囊胚期。此时胚体开始微微缓慢转动，外形上与多细胞期难以区分。原肠期胚胎变为长椭圆形，胚胎缓慢转动，在胚胎的后端，因卵黄消耗吸收而出现凹痕（图 5-19）。

方斑东风螺面盘幼虫分为早期面盘幼虫、中期面盘幼虫和后期面盘幼虫 3 个阶段。

早期面盘幼虫的特征是具有雏形的面盘、足和壳。在胚胎前端出现小突出并扩展形成面盘雏形，一侧先出现，另一侧稍后出现，在胚胎两侧近中央的位置出现单细胞的幼肾。接着面盘雏形上出现短而稀疏的纤毛，纤毛慢慢摆动。胚体多逆时针转动。胚体的后端因

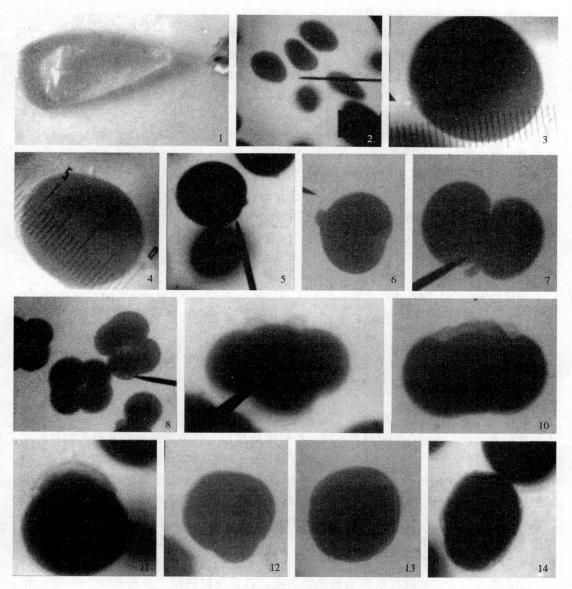

图 5-19　方斑东风螺胚胎发育和幼虫发育形态观察

1. 方斑东风螺卵囊　2. 刚产出的受精卵（×120）　3. 放出第一极体（×300）　4. 放出第二极体（×300）　5. 第一极叶出现（×300）　6. 第一次分裂纵向沟出现（×300）　7.2 个细胞（×300）　8.4 个细胞（×100）　9.8 个细胞（×300）　10.16 个细胞（×300）　11、12. 小帽状胚盘形成　13. 囊胚期（×300）　14. 原肠期（×100）

卵黄被吸收而出现明显的凹痕，胚胎转动速度逐渐加快。随着面盘的长大，纤毛逐渐变长、变粗并增多，在胚胎发育的 4～5d 形成 1 对瓣状面盘，面盘边缘密集纤毛，后端出现初生壳。方斑东风螺的早期面盘幼虫具壳，胚壳透明，可见其口下连着食道，食道长而粗。卵黄囊分为 2 粒。早期面盘幼虫在卵囊内发育完成，即将孵出时其外形基本上已与浮游面盘幼虫相似，在卵囊液内不断摆动纤毛和转动身体。

中期面盘幼虫包括尚在卵囊内，已具有面盘、足、壳雏形的面盘幼虫至孵出而卵黄囊尚未完全消失的浮游面盘幼虫阶段。孵出前 1 d，卵囊内的中期面盘幼虫形态和大小已与孵化出膜后的浮游面盘幼虫基本形似。卵囊内的面盘幼虫已具有游泳的能力，如人为地将卵囊膜弄破，放散出的幼虫亦能利用面盘的摆动自由游动。水温在 24～25℃时，幼虫经 10～11 d 孵出，初孵出的中期面盘幼虫平均壳高为 539 μm。水温在 28～29℃时，经 6～7 d孵出，初孵幼虫平均壳高为 472 μm。

　　孵出的面盘幼虫在水中浮游 1～2 d，卵黄囊完全消失，即成为后期面盘幼虫。后期面盘幼虫以摄食浮游单细胞藻类为营养，趋光能力强，主要活动在水体的上中层，不充气时会聚集成群在水的表层。游泳时面盘向上，贝壳向下。面盘双瓣状，表面光滑、透明。后期面盘幼虫阶段的9～10d，面盘变成 4 瓣状，面盘幼虫正面观呈蝴蝶形。面盘幼虫孵出后的第 2 天左触角已突出，长度约为右触角的一半，之后逐渐伸长与右触角等长，面盘的基部具有 1 对黑色的眼点。足的表面中央出现透明的三角形两翼（图 5-20）。

　　水温为 26.0～27.0℃ 时，经 13～14d 变态沉底；水温为 27.5～28.5℃ 时，经 10～12 d变态沉底成为稚螺。

　　幼体培育密度控制在 100～200 个/L 为佳。幼体密度高于 300 个/L 时，容易出现幼体突然大量下沉的现象。即使培育顺利、单位水体收获的变态稚贝较多，个体也会弱小，而且，稚贝在培育过程中生长缓慢、成活率低，培育至壳高 0.6cm 的养殖种苗，成活率在 30% 以下。如果幼体培育密度在 100～200 个/L，则幼体生长速度快、变态率高，获得的变态稚贝个体大而健壮，培育成 0.6cm 的种苗，成活率 50%～80%，并且大小均匀、活力强、养殖成活率高。

　　方斑东风螺人工育苗过程中，所使用的饵料种类不断变化。早期以投喂单细胞藻类为主，之后藻类和虾苗配合饲料混合投喂，然后螺旋藻和小球藻干粉加虾苗配合饲料投喂，育苗效果良好。

　　东风螺育苗所用的活体的单细胞藻类有牟氏角毛藻、湛江等鞭金藻、球等鞭金藻、绿色巴夫藻、亚心形扁藻、微绿球藻和小球藻，有益微生物有酵母、光合细菌、乳酸菌，干粉有螺旋藻粉、小球藻粉，虾苗配合饲料有虾片、黑粒、BP 粉等。单细胞藻类投喂量为 2 万～6 万个/mL，每天上午、下午各投喂 1 次。随着幼体的生长，投饵量逐步增加。

　　幼体孵化后 1～3d 以投喂单细胞藻类为主，以后可以搭配干藻粉 0.06～0.09g/m³，随着幼体的生长还可以投喂虾片、黑粒等配合饲料 0.06～0.09g/m³，还可以投黑粒 0.04 g/m³。第 11～14 天幼体开始变态，除上述饲料外，开始投喂冷冻卤虫无节幼体 0.3～0.5 g/m³，以投饵 2h 后无残饵为佳。

　　近年来，随着沿海经济的飞速发展，大量含有重金属的工业废水和城市生活污水排入海中，海洋环境污染日渐加重，水生生物赖以生存的生态环境日趋恶化，给沿海养殖业带来了严重危害。重金属对海洋环境的污染，已经引起人们的普遍关注。

　　薛明等（2004）报道了重金属 Cu、Zn、Cd、Pb 对台湾东风螺胚胎和面盘幼虫的毒性效应及 EDTA 对幼体 Cu、Zn 中毒的解毒效果。结果表明，Cu、Zn、Cd、Pb 在胚胎发育中最高允许浓度分别为 0.01、0.05、0.10、0.50mg/L；对幼虫的安全浓度分别为

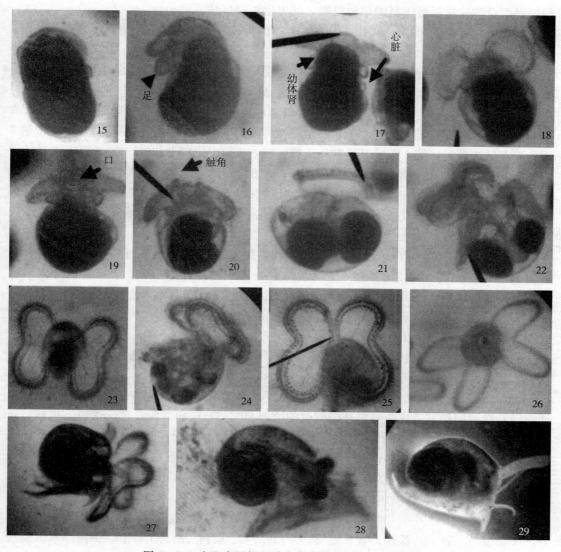

图 5-20 方斑东风螺胚胎发育和幼虫发育形态观察

15. 膜内早期面盘幼虫（×100）　16. 膜内早期面盘幼虫（侧面，×100）　17~18. 早期面盘幼虫（背面，×100）　19~21. 早期面盘幼虫（×100）　22~23. 即将孵出的中期面盘幼虫（×100）　24. 孵出第 1 天的中期面盘幼虫（×100）　25. 孵出第 4 天的后期面盘幼虫（×100）　26. 孵出第 11~12 天的后期面盘幼虫（×100）　27. 变态沉底的后期面盘幼虫（×100）　28. 面盘萎缩的后期面盘幼虫（×100）　29. 稚螺（×100）

2.177、5.942、107.218、303.102μg/L；4 种重金属离子对胚胎和幼虫的毒性顺序均为：Cu＞Zn＞Cd＞Pb。Cu、Zn 浓度分别为 0.2mg/L、0.5mg/L 时，EDTA 对面盘幼虫的最佳解毒浓度分别为 1~2 mg/L 和 2~3 mg/L。

冯永勤等（2006）报道了不同饵料种类与密度对方斑东风螺面盘幼虫生长与成活率影响的研究。实验结果表明，以单种单胞藻投喂方斑东风螺幼虫，牟氏角毛藻的效果最好；两种单胞藻混合投喂方斑东风螺幼虫，牟氏角毛藻＋湛江叉鞭金藻组合效果最好；任何两种饵料组合均比这两种饵料的单种投喂，幼虫生长速度快。

在东风螺育苗期间，通常用一些杀菌药物消毒或预防疾病，但它们对幼体有毒害作用，不能随便使用。

黄英等（2001）报道，福尔马林对东风螺受精卵发育的影响较大，即使低浓度也对受精卵的孵化有明显作用。当浓度为 $2\mu L/L$ 时，到第 8 天受精卵孵化率仅为 73.1%，而对照组的孵化率可高达 95.2%，且随着福尔马林浓度的升高，孵化率呈递减趋势。但低浓度的福尔马林可提高其孵化速度，对照组受精卵在第 6 天才开始孵化，且主要集中于第 7 天，而在低浓度组，第 4 天就开始孵化出膜，前 6 d 的孵化率多超过 50%。而当福尔马林浓度为 $8\mu L/L$ 时，受精卵在第 5 天的孵化率为 48%。此后，部分受精卵发生滞育，胚体仍停留在担轮幼虫阶段，部分胚体已死亡。用 $12\mu L/L$、$15\mu L/L$ 福尔马林处理的受精卵，在试验开始的第 2 天不仅发生滞育，胚体发育还出现畸形现象，大部分畸形胚体死亡，滞育胚体也有不同程度的死亡，孵化率为 0。

低浓度制霉素对受精卵的发育有促进作用。用 $100\times10^4 U/m^3$ 的制霉素处理受精卵，孵化速度略有提高；用 $200\times10^4 U/m^3$ 制霉素处理组的孵化率最高，3 d 的总孵化率达 99.2%，高于对照组（92.5%），但孵化速度较对照组慢；当制霉素浓度高于 $300\times10^4 U/m^3$ 时，孵化率与孵化速度均大幅度降低；而制霉素浓度高于 $500\times10^4 U/m^3$ 时，胚体第 2 天便出现畸形，第 3 天出现死亡，孵化率几乎为 0。

低浓度 $KMnO_4$ 对受精卵的孵化有促进作用，但却降低了孵化速度。当 $KMnO_4$ 浓度低于 1.5 mg/L 时，受精卵孵化率高于 95%，而对照组仅为 94.4%，但 $KMnO_4$ 浓度为 1.5 mg/L 时，孵化率仅为 53.6%。当卵囊投入较高浓度的 $KMnO_4$（$\geqslant$ 1.5 mg/L）中，卵囊膜及受精卵均被染成黄褐色并随浓度的增加和时间增长而变深。在低倍镜下观察，高浓度组（$\geqslant$ 1.5 mg/L）的胚体发育速度及面盘幼虫活力下降。3.0 mg/L 组的受精卵在卵裂阶段就发生停滞，在 3d 内全部死亡。而 1.5 mg/L 组的孵化率及孵化速度也明显降低，出现滞育及发育延缓现象，到第 9 天仍有大量胚体处于担轮幼虫阶段。

台湾东风螺幼体对福尔马林的安全浓度为 $1.233\mu L/L$，对 $KMnO_4$ 的安全浓度为 0.138 mg/L。

李雷斌等（2008）报道，在水温 29.0～29.5℃、盐度 28.5 条件下，采用静水试验法对 5 种常用药物对方斑东风螺面盘幼虫的急性毒性进行了研究。结果表明：各种药物的安全浓度分别为：高锰酸钾 0.115 mg/L，新洁尔灭 1.17 mg/L，硫酸锌 0.193 mg/L，制霉素 $0.168\times10^4 U/L$，甲醛 $0.91\mu L/L$。

杨章武等（2008）报道了 KCl 对方斑东风螺浮游幼虫变态的诱导作用。结果表明：在水体 200 mL、幼虫 20 只、KCl 连续作用 12 h 的条件下，当 KCl 浓度不超过 8×10^{-3} mol/L 且幼虫日龄小于 12d 时，诱导变态率为 0～15%，诱导效果不稳定；当 KCl 浓度达到 11×10^{-3} mol/L 且幼虫日龄达到 15 d 时，浮游幼虫变态率超过 95%。在水体 850 L、幼虫 2.0×10^5～2.5×10^5 只、KCl 连续作用 9 h 的条件下，KCl 浓度为 17×10^{-3} mol/L，日龄 15 d 的幼虫变态率达 90%。浮游幼虫日龄越大，KCl 添加浓度越高，作用时间越长，KCl 诱导变态作用越明显。KCl 对方斑东风螺幼虫有毒性作用，日龄越小，浓度越大，作用时间越长，毒性越大。日龄 12 d 的浮游幼虫，KCl 添加浓度 11×10^{-3} mol/L 作用 20 h 诱导变态的稚螺，未发现其生长和存活受到 KCl 的不良影响。综合该实验的结果，KCl 诱导变态较为安全有效的条件是：浮游幼虫日龄不小于 15 d，添加浓度 $11 \times 10^{-3} \sim 14 \times 10^{-3}$ mol/L，作用时间不超过 12 h。

七、水质理化因子

东风螺育苗水位一般为水池深度的 70%，每天加水 5~10cm，到加满池子时开始换水。换水在上午进行，每天或隔天换水 1 次，主要视幼体密度和水质情况而定。如果幼体密度大，投喂了干藻粉和配合饲料，每天换水 1 次。用 200 目筛绢网制作网箱虹吸排水，然后加入新鲜沙滤海水，日换水量为育苗水体的 20%~50%。一般换水量随着幼体生长而增加。换水前应测定水池和进水管的水温、盐度和 pH，避免变化过大造成不良影响。幼体培育前期以微充气为主，后期可加大充气量，保证育苗水体溶解氧在 5mg/L 以上为宜。光照强度 2 000~10 000lx 为宜，室外育苗池应设遮阳网。

八、东风螺育苗案例

方哲等（2012）报道，不同种类的东风螺的成熟期和繁殖期有所不同，同种东风螺在不同的海区也不同。如栖息于广东沿海的方斑东风螺，成熟期和繁殖期在 4—9 月，而在福建沿海的方斑东风螺的繁殖季节通常为 6—9 月，海南、广西可提前 1 个月以上。泥东风螺的繁殖期为 3—10 月，繁殖高峰期在 6—9 月。台湾东风螺繁殖季节在 6—9 月，7—8 月为其繁殖盛期。每年海区水温逐渐升到 25℃时，东风螺便逐渐进入成熟期和繁殖期；一般雄性的成熟期较雌性稍长。在繁殖季节，雌雄性可多次交配，多次产卵、交尾，进行体内受精，雌螺个体年均产卵量有几十万粒。

东风螺成熟时自然交配，雌贝通常在晚间产卵。受精卵在卵囊内约需 7 d 完成胚胎发育过程，由卵囊顶端破裂孵出。水温 24.0~27.0℃，方斑东风螺孵化出的幼体一般经 25 d 培育即变态为稚螺，台湾东风螺孵出的幼体经 22 d 培育变态为稚螺。方斑东风螺变态时个体壳高平均为 1 300 μm，平均增长速度为 32.0 $\mu m/d$；台湾东风螺变态时壳高平均 950 μm，日平均增长 24.5 μm。

水温 25.1~27.2℃，稚螺经 20 d 培育，个体壳高从 1.5 mm 长至 5.7 mm，壳高日平均增长 0.21mm。台湾东风螺稚螺经 20 d 培育，个体壳高从 1.5mm 长至 5.8 mm。水温 22.0~25.5℃，苗种经 44d 的浅海沉笼养殖，个体平均壳高从 8.5 mm 长至 12.5 mm，壳高月均增长 2.7 mm；在水泥池中养殖，个体平均壳高从 8.5 mm 长至 10.3 mm，壳高月均增长 1.2 mm。

东风螺幼虫期喜食单胞藻，罗杰等通过试验证明了这一点。试验单独投喂扁藻，幼虫生长发育最快；投喂扁藻、小球藻、扁藻＋金藻、扁藻＋小球藻幼虫的成活率相差不明显，而投喂人工配合饵料虾片、螺旋藻粉的幼虫成活率则较低，投喂酵母第 9 天全部死亡。因此，宜采用前 5 d 以小球藻、螺旋藻为主，再配合投喂金藻和扁藻。待幼体都变态成稚螺后，停止投喂藻类，改为鱼肉、蟹肉，也可拌入鳗鱼饲料、维生素等。每天投喂 3 次，以投喂后在 2 h 内摄食完为宜。

Chaitanawisuti 等对日投喂次数和日投喂量进行试验。结果表明，每日投喂 1 次、2

次、3 次对方斑东风螺体质量增长、食物转化和存活无显著差异。4 种日投喂量（3%、5%、10%、15%的体质量）之间存在显著差异，投喂 3%、5%体质量的饵料转化率显著低于 10%、15%体质量的饵料转化率，同时投喂 10%、15% 体质量的饵料的个体成活率分别达 96.9%、97.3%。

王旺（2014）详细报道了方斑东风螺的人工育苗：

亲螺培育及产卵池、育苗池共 10 个，规格为 3 m×6.3 m×1.3 m，每池水体 25 m³；幼体孵化池及饵料培养池共 12 个，每池水体 5 m³。育苗系统由一台 3kW 罗茨鼓风机供气。育苗用水为经过沉淀再经过过滤的沙滤水。

亲螺购自广西合浦营盘的拖网渔船，两批分别购得亲螺 30 kg 和 40 kg，其规格为壳高 5cm 以上。因每天的收购量较小，先将收购的亲螺暂养于当地育苗场，购得所需数量后采用降温干运的方法将亲螺运回试验基地。具体运输方法是：将一个装有冰块的塑料篓子放进泡沫箱中（冰块要用塑料袋密封，以防冰融化后浸泡亲螺），再在篓子周围放上亲螺，亲螺上方盖上一层湿布，加盖密封即可进行运输，塑料篓子的作用是将冰和亲螺隔开，防止亲螺被冻伤；每箱装亲螺 20kg。

方斑东风螺有潜沙习性，将运回的亲螺放于池底铺有 5 cm 沙的亲螺培育池中培育。投以当地易得的杂鱼和珍珠贝肉，每天晚上投饵一次，投饵量约为亲螺体重的 5%～10%，具体投饵量可根据亲螺摄食情况调节，一般以第二天早上略有剩余为宜。每天早上8：00—9：00 进行换水和清污，先排干亲螺培育池的水，消除池底的残饵，用海水将池底沙冲洗干净后再加满水；换水清污时为防止将亲螺冲走，需在出水口加隔离网；每周用50～100mg/L 的高锰酸钾将沙消毒一次。

在人工培育条件下，成熟亲螺会自然交配并产出卵囊，方斑东风螺一般将多个楔形卵囊产在池底的沙上形成卵群。采集卵囊结合换水，排干水后即可进行卵囊采集，将采集的卵囊清洗干净，用100mg/L 浓度 PVP-I 消毒 2～5min 后，置于 40 目小网箱在育苗池中孵化，网箱底部要尽量拉平，以避免卵囊大量堆积在一起造成局部缺氧而影响卵的孵化率。在水温 27℃经过 6 d 左右幼虫即可孵出，孵出的幼虫穿过网箱进入育苗池，而空卵囊和未孵化的卵囊则留在孵化网箱中，待育苗池中幼虫密度达到 1 万～2 万个/m³ 时，将卵囊移到另一个池子中继续孵化。

幼虫的培育管理：①换水。前 5d 每天换水一次，以后每天换水 2 次，日换水总量为20%～50%。随幼虫生长更换不同网目的网布，浮游期用 100 目网布，变态后用 80 目网布。②投饵。浮游期幼虫以投喂小球藻为主，金藻、扁藻和面包酵母为辅，每天上午和下午各投饵 1 次，幼虫不同发育时期投饵量不同。③培育期的水质条件。水温 23～29.8℃，海水相对密度 1.021～1.023，pH 8.1～8.3，溶解氧>5 mg/L。

幼虫达 760μm 即具有变态能力，此时将幼虫移到另外的池底铺有沙的育苗池进行变态期培育，具体方法是：将用 40 目网布筛取的海沙用淡水冲洗干净，用 200mg/L 浓度的PVP-I 消毒 10min，冲洗干净药液后均匀铺放到消毒好的育苗池底，沙的厚度为 0.5 cm左右，加满水备用。用换水器将培育有幼虫的育苗池水排至 30～50 cm，在育苗池排水口安放集苗网箱，并在集苗槽内加入海水，使槽内水位比育苗池水位低 10～20 cm，拔起排水胶塞将幼虫排至集苗网箱。保持集苗槽与育苗池的水位差不要太大，以控制幼体的排出速度，防止水流太急而损伤幼虫。将集好的幼虫清洗干净后移入上述已准备好的育苗池。此时的饵料投喂方法为藻类继续投喂，再投喂少量鱼肉，为了便于观察幼虫的变态情况和及时清除残饵，鱼肉应投放到饵料台上。每天投喂鱼肉 1～2 h 后提起饵料台，检查鱼肉上是否附有已变态的幼虫。每 3～4 m² 安放一个饵料台。

育苗池水中没有浮游幼虫时幼虫完全变态为稚螺，停止投喂藻类，只投喂鱼肉。刚变态的稚螺口中的齿舌尚娇嫩，投喂肉质较细软且经过急冻再解冻的鱼肉。稚螺有爬壁习性，在池内壁水面上方贴挂经海水浸湿的双层纱布，防止稚螺干燥死亡。上午 7：00、下午 6：00 各收纱布一次，将池壁的稚螺冲洗入育苗池水中。幼螺的出池方法：①过筛法。将沙和幼螺置于 40 目的筛网中在水中过筛，沙通过网布沉于水底，稚螺则留在筛网中。②饵料诱捕法。停投一次饵料使幼螺处于适度饥饿状态，再把鱼肉投放到饵料台上，1 h 左右提起饵料台，将附在鱼肉上的幼螺收集起来。

阮志德等（2008）报道方斑东风螺育苗关键技术：

水质的好坏是方斑东风螺育苗的关键因素，海水中除含有泥沙之外，还有敌害生物（如甲壳类的幼体和成体、夜光虫、球栉水母、纤毛虫、幼鱼）、致病菌等，这些因子可对方斑东风螺卵、幼体造成不同程度的影响。因此育苗用水应做到早蓄水、严消毒，早沉淀、严过滤。育苗用水经过一级沉淀、沙滤后，在二级沉淀池使用 100g/m³ 生石灰处理后全封闭暗沉淀。暗沉淀 15d 后，抽取距池底 15 厘米的上层海水，经棉袋过滤后进行充分曝气作为育苗用水，能大大减少有机质含量，净化水质，降低弧菌、真菌等致病菌含量。

亲螺养殖的环境条件：方斑东风螺有潜沙习性，在亲螺培育池底铺 5cm 沙子，水深 40～50cm，连续充气使溶解氧充足（散气石 0.8 粒/m²），弱光（300～500lx），保持安静，亲螺培育密度为 20～30 粒/m²，海水相对密度 1.017～1.022，水温 25～31℃。

饵料是亲螺生殖腺发育成熟的物质基础。每天投喂新鲜蟹肉 2 次，投喂量为亲螺体重的 10%。投喂时添加维生素 E、维生素 A、海水贝类钙多肽等进行人工营养强化。另外，适宜的饵料还有单细胞藻类，如牟氏角毛藻、等鞭金藻、叉鞭金藻、巴夫藻、扁藻、小球藻等。不同的藻类对亲螺生殖腺成熟有明显的影响，如在亲螺促熟时投喂扁藻、金藻，亲螺生殖腺发育良好。一般日投饵密度为 10 万～20 万个/mL，上午、下午各一次，且投放活藻需多样化，各种单胞藻中氨基酸等组分含量不同，有助于亲螺生殖腺成熟的能量累积。总之，在不影响水质的情况下，尽量投足饵料，以满足亲螺生殖腺成熟的能量需要。

防治疾病时要非常注意病菌传染问题，在育苗时常因育苗池、供水管道、育苗器材、充气管道等消毒不严或残饵和死螺没及时捞出，造成亲螺感染细菌并互相传染而引起摄食减少或不摄食甚至死亡现象，用 0.5g/m³ 百炎净、0.7g/m³ 病毒灵进行定期预防，每 3d 施药一次，培育期间亲螺成活率 90%。

布苗前 10h 投放 EDTA 5g/m³、百炎净 0.3g/m³、盐酸吗啉胍 0.6g/m³；布苗前 1h 抽入藻水，使池水藻类浓度达到 10 万～15 万个/mL。

在方斑东风螺人工育苗中，为了保持水质新鲜，使幼虫在良好的水环境中生长发育，采用定期换水、"倒池"等技术措施。前 4d 以添加藻水为主，维持水中藻类浓度 15 万～

20 万个/mL；4d 后开始换水，换水量为 50%；后期幼虫较大，使用 80 目网兜换水，变态后改用 60 目网进行换水。换水结合药物防治进行，添加新水后全池泼洒 0.5g/m³ 百炎净、0.5g/m³ 病毒灵；以后每隔 3d 换水一次，每次换水均进行药物预防。后期池内有机质积累过多，原生动物及致病性细菌、病毒等大量繁殖，残饵、氨氮大量积累，可能影响到幼虫的生长发育，甚至引起下沉死亡。此时可采取"倒池"措施，在洁净池中加入育苗用水和添加新藻水，大大提高幼虫变态成活率。

13 d 后大部分幼虫变态为稚螺，出现足与吸管，开始营底栖生活。此时将幼虫收集转移到稚螺池进行培育。幼虫食性由滤食浮游藻类转化为摄食鱼、虾、蟹肉，仍继续投喂活藻，浓度维持在 5 万～10 万个/mL，再投喂少量蟹肉和蟹浆。稚螺有爬壁习性，在池内壁贴海绵 10cm 至水位线，每天淋湿海绵 3 次，防止稚螺干燥死亡。稚螺培育水深 40～50cm。搬移幼虫至稚螺培育池前，在稚螺培育池施药（百炎净为 1g/m³）。以后隔天用药，施土霉素 1g/m³，百炎净 1g/m³。隔 2d 换水一次，换水量 60%～100%。每天及时清理残余蟹肉，1 周后，全部变态为稚螺。刚变态成稚螺时体高在 0.1～0.15mm，规格在 1 000粒/g 左右。

螺苗收集：停食 1d 后，将池水排干，用 10 目不锈钢网浸泡水中，把幼螺从沙中筛出，操作需轻巧，尽量避免伤及螺体。然后按重量法计量各池幼螺数量。

占二新（2020）报道，东风螺育苗的病害防治一般以预防为主，因时因地根据病害的发生、发展规律，采取综合的治理措施。首先培育池及底沙要彻底消毒杀菌，消除病原体。培育过程中要定期冲洗培育池及底沙，并用 EM 菌等微生态制剂进行水质调节，防止聚缩虫病。如发现聚缩虫病，应采取大量换水及泼洒苦楝树叶煮水、抗生素（如病毒灵 0.5mg/L）等措施。

参考文献

陈晓娟，廖利民，赵昕宇，等，2015. 一株饵料微藻——亚心形扁藻的生长条件优化 [J]. 福建水产，37（4）：287 - 292.

方哲，王冬梅，2012. 东风螺人工育苗与养殖技术研究进展 [J]. 科学养鱼，10：42 - 44.

冯永勤，陈华兴，王建勋，2006. 饵料种类与密度对方斑东风螺幼虫生长影响的实验研究 [J]. 现代渔业信息，24（1）：3 - 7.

韩福光，王珺，林秋露，等，2019. 微绿球藻（Nannochloropsis oculata）培养基的优化 [J]. 广东农业科学，46（4）：109 - 115.

黄瑞，黄标武，汤文杰，等，2010. 方斑东风螺早期发育阶段形态的观察 [J]. 台湾海峡，29（3）：380 - 388.

黄英，柯才焕，周时强，2001. 几种药物对波部东风螺早期发育的影响 [J]. 厦门大学学报（自然科学版），40（3）：821 - 823.

姬恒，姜爱莉，郭效辰，等，2021. 球等鞭金藻的异养培养 [J]. 广东海洋大学学报，4（2）：47 - 52.

菅玉霞，郭文，潘雷，等，2008. 单细胞藻类培养中敌害生物的综合防治方法 [J]. 齐鲁渔业，25（2）：53 - 54.

李飞，刘士力，程顺，等，2020. 塑料袋混合营养培养小球藻技术 [J]. 科学养鱼，9：68 - 69.

李雷斌，刘志刚．2008.5 种药物对方斑东风螺面盘幼虫的急性毒性［J］．广东海洋大学学报，28（3）：34-38.

蔺红苹，卢冬梅，2020.湛江等鞭金藻培养条件优化［J］．基因组学与应用生物学，39（4）：1751-1757.

栾会妮，梁亚，杨磊，等，2019.盐度、温度和光照对耐高温角毛藻藻株生长的影响［J］．浙江海洋大学学报（自然科学版），38（3）：217-223.

阮志德，谢达祥，姚久祥，等，2008.方斑东风螺育苗关键技术［J］．科学养鱼，3：22-23.

王旺，2014.东风螺的人工育苗高产技术［N］．中国渔业报，12-1（B03）．

许红，梁鹏，2014.单细胞藻类培养方法的改进［J］．河北渔业，7：56.

薛明，柯才焕，周时强，等，2004.重金属对波部东风螺早期发育的毒性及 EDTA 的解毒效果［J］．热带海洋学报，23（1）：44-50.

杨章武，郑雅友，李正良，等，2008.KCl 对方斑东风螺浮游幼虫变态的诱导作用［J］．海洋科学，32（1）：6-9.

叶翚，2009.方斑东风螺亲螺培育技术［J］．中国水产，7：37-39.

占二新，2020.方斑东风螺人工育苗技术探析［J］．农村经济与科技，31（18）：51-52.

第六章

东风螺养殖

第一节　东风螺养殖方式

一、池塘养殖

土池养殖东风螺，即利用虾塘或鱼塘养殖东风螺（图6-1）。应提前清除池内的杂藻、淤泥及杂物，暴晒池塘10 d左右。在进水处安装60目筛绢进水袋，以减少鱼、蟹、螺类等敌害生物进入养殖池，排水处安装20目平板筛绢网。投苗之前进行施肥，培养基础饵料生物，水色以浅绿色为佳，透明度控制在60～80cm。投苗数量为75万～90万个/hm²，稚螺规格以0.5～1.5cm为宜。放养后保持水质相对稳定，潮间带土池应尽可能利用海洋的大潮期进行换水改善水质。投喂杂鱼肉、贝肉或虾肉等，饲料投喂前应去除骨、壳后用绞肉机或手工剁碎。日投饲量为东风螺总体重的5%～10%，当天实际投饲量应视残饵量而定。养殖水深在60～100cm。可单养，或与虾、鱼及其他贝类混养。

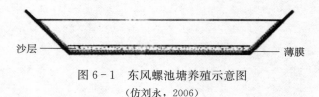

图6-1　东风螺池塘养殖示意图

（仿刘永，2006）

裴琨（2007）报道，池塘养殖方斑东风螺，面积较大，水质难以控制，容易受阳光直射影响，敌害生物（青苔、蟹）较多，清除饵料残渣困难。

王志成等（2005）报道了池塘养殖东风螺试验。试验地点位于广西北海市古城养殖场，时间为2004年9月11日至2005年1月10日。土塘面积0.16 hm²，水深1.0～1.2m，池底为沙泥质，长方形，进、排水分开。外海水质无污染，池内pH稳定，水温8.5～32.2℃，相对密度1.0 18～1.023。

放养前清除池内的杂藻（主要是浒苔）、淤泥及杂物，暴晒池塘约10 d。在进水处安装60目锥形筛绢进水网袋，排水口处安装20目平板筛绢网。先进水约8 cm，用25 g/m³的茶籽饼水全池泼施毒杀杂鱼，第2天用漂白粉加水均匀后全池泼洒，使池水有效氯达45mg/L，以杀灭池中的有害病菌和杂虾、蟹等。

基础饵料生物的培养：清池结束后进新鲜海水，当水深达80～100 cm时，用

0.3g/m³溴氯海因进行水体消毒，隔天施入化肥培养基础饵料。施肥量为尿素 3 g/m³，磷肥 2 g/m³。视水色变化情况增减施肥量。水色以浅绿色为主，透明度控制在 60～80 cm。投苗前施一次光合细菌（10 g/m³）。

于 9 月 11 日上午投放方斑东风螺，数量 5.41 万个，密度为 33.8 万个/hm²。方斑东风螺壳高 1.30～2.61 cm，平均 2.03 cm。整个养殖期间水温变化较大，在 8.5～32.2℃。水质调控主要采取换水，适当施入化肥、生石灰及光合细菌等措施。经过 119 d 的养殖，于 2005 年 1 月 8 日开始收获，至 10 日结束，共收获商品螺 243.0 kg，平均体重 5.25 g，壳高 3.05 cm，成活率86.3%，饵料系数 2.3；产品单价 116 元/kg，产值 28 188 元，平均单产 1 518.8 kg/hm²。

二、自然海区滩涂养殖

选择水质清新、风浪较小的港湾滩涂，采用网片进行围栏养殖，筛网应埋在滩涂表面以下 20cm 左右，围网比潮位高出 0.5m 以上，网目按所放养的方斑东风螺大小而定（图 6-2）。围网安装后应在滩面上使用生石灰等杀灭敌害生物。一般放养密度为 50～100 个/m²，平时管理主要是检查防逃设施、修网、清污等，每天投饵 1 次，每 10d 对滩面消毒 1 次，以防细菌病的发生，滩面淤泥过多或有污染物时应及时清除，尽量保持养殖环境的清洁。

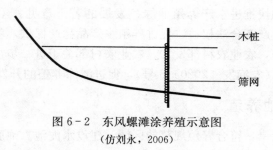

图 6-2 东风螺滩涂养殖示意图

（仿刘永，2006）

自然海区滩涂养殖东风螺，投放密度小，利用潮差自然换水，投饵少，对环境影响很小。刘慧玲等（2016）于 2013 年 12 月至 2014 年 10 月对东风螺滩涂养殖区与非养殖区的水质因子（氨氮、亚硝态氮、硝态氮、活性磷）和微生物（弧菌、总异养菌）进行跟踪检测，以期了解东风螺滩涂养殖区水质因子与微生物的周年变化。结果表明，氨氮、亚硝态氮、硝态氮的高峰出现在 3—5 月，活性磷的最高值出现在 10 月；各个水质因子与微生物的检测数据呈波动变化，除氨氮以外，其他指标养殖区与非养殖区间差异不显著；这表明在当前的养殖面积（18 hm²）和养殖密度（300 个/m²）下，东风螺养殖未对海区水质因子与微生物群落造成明显的影响。滩涂养殖是东风螺绿色、可持续发展的方向。

为了保护环境，已开发了许多滩涂养殖品种。袁华等（2014）为研究菲律宾蛤仔的滩涂生态养殖技术，在长江口以北的黄海海区滩涂进行了菲律宾蛤仔砂仔苗、白仔苗及中仔苗 3 种不同规格苗种的生态养殖试验。试验结果：大面积增养殖条件下，砂仔苗、白仔苗及中仔苗的放养密度分别为 2 700、760、667 个/m² 时，捕获量分别为（7.96 ± 0.31）×10⁻²、（3.03 ±0.12）、（1.89 ± 0.06） kg/m²。小面积增养殖条件下，白仔苗和中仔苗的成活率与放养密度呈负相关。另外,滩涂养殖白仔苗经 15～18 个月养殖可采捕销售,亩产值 7 272 元;浅海底播养殖中仔苗,经 11 个月的养殖可采捕销售,亩均产值 5 048 元;在大规格苗种培育中,从砂仔苗(壳长 1～3 mm)培育到白仔苗(壳长 8～10 mm)需 7 个多月,亩产值 1 067 元。

黄标武等(2015)报道滩涂养殖近江蛏具有成本低、投资省、收益高、风险小、养殖面积易扩展、管理方便、净化沿岸水质等优点。近年来,经过在福建省龙海市紫泥镇、长乐市阜山镇、梅花镇等沿海地区推广养殖试验,取得良好的养殖效果,获得很好的经济效益。滩涂养殖缢蛏的放苗密度与滩涂质量、有机碎屑含量、管理技术等有关,不可盲目增大。一般每亩播壳长 1 cm 的近江蛏蛏苗 30 万～35 万粒;蛏苗壳长 2 cm 以上的,播苗量适当减少。刘瑞义(2020)报道了缢蛏滩涂-池塘接力养殖模式,取得良好效益。

另外,江航等(2014)分别于 2010 年 3 月(冬季)、5 月(春季)、8 月(夏季)和 11 月(秋季)调查了江苏省南通沿岸的文蛤滩涂养殖区内 10 个站位的水体中 COD、无机氮、活性磷酸盐以及 DO 的时空分布,并选用海洋有机污染评价指数法、单项指标评价法、富营养化指数法以及潜在富营养化指数法,对调查海域的有机污染状况和富营养化水平进行了评价。结果表明,5 月(春季)水质已经受到严重的有机污染和重度富营养化,但整个海域周年水质受到轻度有机污染,水质状况总体上处于中度富营养化水平。

比起池塘养殖,滩涂养殖模式污染程度较低。为深入贯彻落实经国务院同意的、十部委联合印发的《关于加快推进水产养殖业绿色发展的若干意见》(农渔发〔2019〕1 号)有关部署,保障养殖生产者合法权益、促进养殖水产品稳产保供,就进一步加快推进水域滩涂养殖发证登记工作,农业农村部发文《农业农村部关于进一步加快推进水域滩涂养殖发证登记工作的通知》(农渔发〔2020〕6 号),促进滩涂养殖的开发。

三、岸基水泥池养殖

选择风浪较小的沿岸,符合养殖规范的区域,建设水泥池。池底铺专用塑料板,垫上 60 目筛绢网,铺设 8cm 左右细沙。每平方米投放壳高 0.5cm 东风螺 1 200 个,可收获东风螺 7.5kg 左右,是目前东风螺养殖的主要方式(图 6-3)。

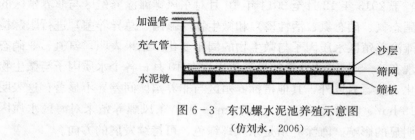

图 6-3　东风螺水泥池养殖示意图

(仿刘永,2006)

笔者于 2009 年 5 月至 2010 年 12 月利用原有的露天鲍育苗池进行了方斑东风螺养殖技术探讨,为方斑东风螺的水泥池人工养殖提供了技术示范,增加了养殖场经济效益。

场地选择:养殖场地应选择无污染的海域,全年水质清澈,潮流畅通,抽水方便,避风防潮条件好,通信、交通便利,电力供应充足。

养殖水环境:养殖用水经过沙滤,养殖水温 12.6～29.6 ℃,pH 7.8～8.2,盐度

26～33，溶解氧 5 mg/L 以上，光照用遮阳网来进行调节，不间断充气，每天换水量达100％以上。

养殖设施：养殖池为室外正方形或长方形已有鲍育苗及养殖池，池上方遮光用95％以上遮光率的防晒网，池高 100 cm 为宜，池内布设气管和进、排水管口，排水排污便利，配备一套完整的发电、抽水、充气设备。

沙层的选择：方斑东风螺栖息于沙层，沙层不仅能给方斑东风螺提供隐蔽安静的生活环境，同时也能起到净化水质的作用。沙层太厚不利清洗，会增加洗沙负担与成本，太浅则不利于螺生长，在养殖生产操作中沙层厚度随着螺的生长需要不断增加。沙子粒径为1.0～2.5 mm，适粒的石英砂最好，其次是近白色的海沙、河沙，粒径应与螺壳高成正比例增长。

螺池的整理和消毒：池上方及四周挂上95％遮光率的遮阳网，在池底铺上干净、松软、颗粒适当的沙层，并用200mg/L的高锰酸钾溶液进行全池消毒，半小时后用淡水冲洗干净，清除致病生物及携带病原的中间宿主。消毒药物严禁使用已失效、对人畜有毒害的药品。常用漂白粉进行清池除害。

螺苗的挑选及投放螺苗密度：螺苗要求规格差异不大，花纹较深且颜色健康，壳形完整，壳层较厚，活动力强，软体部丰满且无脱壳，摄食好。螺苗养殖密度决定了方斑东风螺的产量和质量，如放养密度过小则单位养殖面积产量不高，成本增大，如养殖密度太大则养殖期延长，造成养殖成本提高，不能获得好的养殖效益。合理的养殖密度应根据养殖池的条件、水源水质、增氧设备和技术管理水平等综合考虑。一般养殖条件下，投放壳高在0.6～1.0 cm 的螺苗 1 200 个/m²，壳高 1 cm 以上的螺苗密度可调节至900～1 000 个/m²。

饵料种类：方斑东风螺为肉食性贝类，饵料以新鲜的鱼类、虾类、蟹类、贝类、头足类、多毛类等，视当地海区盛产品种为主，其中以虾蟹的营养价值较高，市场价格也较高，而小杂鱼的价格相对便宜，因此在工厂化养殖过程中，为了降低养殖成本，一般以投喂小杂鱼为主。

投喂方法：投料应该坚持"四定"原则，每天投饵 1 次，下午 3:00—5:00 投喂，饵料量为螺体重的 3％～10％，亦可视投饵后 1h 略有剩余为宜，2h 后及时清除残饵、鱼骨等。

水质的调控：方斑东风螺为肉食性，投喂的动物性饵料很容易引起水质恶化，需要每天适量换水，最好采取全天流水充气的养殖模式。方斑东风螺的粪便排入沙中，会造成沙变黑，底质恶化，需要定期冲洗沙层，清除池里的脏物、杂物。水温越高，螺摄食量越大，底质恶化越快。沙层发黑严重时需倒池换沙。

收获：方斑东风螺壳高达到2.6～3.5 cm 时即可收获出售。壳体光滑、花纹清晰、无杂物附着，软体部丰满且无脱壳，大小规格整齐，活动力强的螺为优质商品螺。商品螺收获方法有两种。①过筛法。将沙和螺置于孔径 1.0～1.2 cm 的筛网中在水中过筛，沙过网沉于水底，大螺则留在筛网中，洗净即可出售。②诱捕法。停投 1d 饵料，把饵料投放于网兜上，10min 左右用网捞起商品螺，收集洗净过筛，即可上市。此法一次抓不完，需多次收集，最后要尽量收干净。将洗净的螺在空气中晾 10～15 min，称重，分别在 10～15℃的海水中均匀浸泡降温 3～5min，捞出晾 3～5 min，倒入外有泡沫箱的包装袋内封口，加盖封好泡沫箱即可运输，可运输20h。

四、东风螺养殖模式比较

室内小水泥池养殖方式的养殖水体小、容易控制水质和便于管理，有条件的养殖场在水温低时还可以加温，以保持东风螺较快的生长速度，所以适合对东风螺进行精养。养殖池的底面积一般为20～100 m²，东风螺的放养密度一般为800～1 500个/m²，每平方米可收获商品螺5～10kg。这种方式养殖东风螺，20 m²的养殖池产量通常为150kg左右，操作方便，是东风螺养殖的主流模式。

室外大水泥池半精养方式的水泥池的底面积为200～500 m²，放苗密度为300～500个/m²，每平方米可收获商品螺1～2.5 kg。这种养殖方式的优点是容易管理，由于方斑东风螺的粪便排在沙与网布之间，可以在换水时随水流排出，池底的沙不会由于粪便腐败产生的H₂S而变黑，从而引起底质的恶化，所以这种养殖方式不用洗沙。另外，由于是在室外养殖，光线充足，水体底部可以自然生长一层底栖硅藻和一些大型绿藻类如浒苔等，或者水体中的浮游藻类繁殖起来，这些藻类可以净化水质，给东风螺创造一个良好的生活环境。缺点是东风螺不易均匀摄食，也难以清除残饵，所以要求有较准确的投饵量以及尽量做到投饵均匀。

室外土池粗养的养殖池可由老化的池塘改造而成，只需在池塘的底部铺上一层塑料薄膜，再在薄膜上铺上5 cm厚的沙即可。池塘面积为1～10亩，由于池塘面积较大，养殖过程中不能通过洗沙清除池底的粪便和残饵。如果放养密度过大，很容易造成底质的恶化，引起摄食减少、生长速度慢、螺体瘦弱，甚至诱发病害，导致死亡，所以东风螺的放养密度应在100个/m²以下。

滩涂养殖也是一种较好的养殖方式，虽然受海区底质和管理不便的限制，规模较小，但这种养殖方式有很多优点：由于放养密度较小、海水交换充分，东风螺的生长速度较快、不易发生病害，养殖一年可达到120个/kg的标准商品规格。为了提高苗种的成活率，放养前应在水泥池里标粗，待东风螺苗长到壳高1 cm以上时再移到海区养殖。

第二节　东风螺水泥池养殖的准备

一、水池消毒

东风螺投苗前，为了保证养殖成功率，必须消毒养殖水池，包括养殖池壁、养殖用沙、纱网、养殖底板、气石、气管等附件。通用的消毒剂为高锰酸钾、漂白粉、生石灰等，不得使用水产养殖禁用药物。广东省地方标准《东风螺养殖技术规范　养成技术》(DB/T 378—2006)的"放苗前准备"要求：放苗前用10～20mg/L高锰酸钾溶液或有效氯含量5～10mg/L漂白粉对水池等养殖设施进行消毒，反复冲洗干净后备用。实际使用发现，用上述浓度的药物消毒，可达到基本消除养殖池内细菌、病毒、原生动物、藻类的目的。

一般来说，养殖池冲洗干净后，用漂粉精溶液淋洗池壁、池底、通道。然后，铺设养殖沙，加水至浸没沙面10cm，漂粉精溶解于水中，全池泼洒，浓度约10g/m³。所有养殖用具集中在一个大桶里，用上述浓度漂粉精浸泡，24 h后排干，用过滤海水反复冲洗，就可以转入下一步工作了。

　　笔者对部分东风螺养殖场的消毒准备工作进行了调查，见表6-1。

表6-1　不同养殖场养殖池准备措施

消毒剂	方法	生产效果	数据来源
漂粉精（65%）；高锰酸钾	每吨水 10g 漂粉精，浸泡水池；高锰酸钾浸泡用具	40 个池，正常生产	王智彪养殖场，2018
漂粉精（65%）；高锰酸钾	每吨水 10g 漂粉精，浸泡水池；高锰酸钾浸泡用具	20 个池，正常生产	试验站示范基地，2019
漂白粉；高锰酸钾	每吨水 30g 漂白粉，浸泡水池；高锰酸钾浸泡用具	40 个池，正常生产	陈刚（调查），2018
漂白粉；高锰酸钾	每吨水 30g 漂白粉，浸泡水池；高锰酸钾浸泡用具	50 个池，正常生产	文昌会文镇（调查），2018
漂白粉	每吨水 30g 漂白粉，浸泡水池和用具	50 个池，正常生产	文昌会文镇（调查），2018

　　万宁王智彪养殖场在投放东风螺苗前配制好漂粉精消毒液，用水泵抽吸、喷洒水池、养殖工具、养殖用沙用消毒液浸泡。24 h后，用海水反复冲洗，多次进、排水冲洗沙床，经"高锰酸钾法"（如果有余氯，高锰酸钾溶液会变色）检测余氯后，才投放螺苗。多年来固定的操作，保证了养殖成功率。生产情况比较好的年份，收获商品东风螺近5 000kg，毛收益50万元，效益显著。

二、养殖水池活化

　　活化这一概念很广泛，比如，在化学反应中加入催化剂促使反应加快，把处于休眠状态的某种生物唤醒，等等。本文是指，东风螺养殖前期工作就绪后，加水至没过沙面30cm，每天投入益生菌$5g/m^2$。2 d后即可投放东风螺苗。

　　在水产养殖业中，水生动物经常会受到不同种类的细菌、真菌、病毒以及寄生虫的影响。水产养殖业的迅速发展、高密度养殖以及不合理的管理措施进一步加剧了水产养殖动物患病的风险。据统计，每年中国、印度、挪威、印度尼西亚等水产养殖大国均因病害造成巨大损失，其中主要致病原是细菌和病毒。抗生素的使用虽然有效控制了疫病的暴发，但长久使用会引发病菌耐药性变强和药物残留等弊端，成为水产养殖业发展的制约因素。微生态制剂是将从天然环境中分离出来的微生物，经过培养扩增后形成的含有大量有益菌的制剂，在水产养殖业中的应用主要是作为饲料添加剂和水质改良剂等。微生态制剂通过改善微生态系统平衡和养殖环境、提高养殖水生动物的抗病能力、调控机体代谢和提供营养物质等多种形式，在水产养殖业中发挥着重要的作用。微生态制剂具有绿色、环保、安全的特点，可促进水产养殖业的可持续发展。

三、微生态制剂的作用机理

（一）形成优势菌群

乳酸杆菌和双歧杆菌等厌氧菌是肠道内的优势菌群，对维持肠道微环境有重要作用。如果这些优势菌群减少则会引起机体功能紊乱，而微生态制剂可补充部分有益菌，恢复微环境。

（二）生物夺氧

在以厌氧菌为优势菌群的动物肠道内，当机体微环境被破坏时，会在肠道内形成有氧环境。加入需氧型微生态制剂后，可使肠道内的氧浓度降低，通过生物夺氧作用使机体内恢复正常的厌氧微环境，从而使原来的优势菌群正常发挥作用，恢复微生态平衡。

（三）参与免疫功能

微生态制剂内含有维生素、蛋白质、微量元素等营养物质，可作为饲料添加剂为水生动物提供营养。微生态制剂还能够作为免疫激活剂激发宿主机体免疫功能，提升干扰素、巨噬细胞活性，进而提高机体免疫力。此外，一些微生物在发酵或代谢过程中，可以产生具有生理活性的物质及酶类，促进动物健康生长。

益生菌属于一种效果特别突出的免疫系统激活剂，它可以使干扰素和巨噬细胞在更大程度上发挥自身作用。益生菌所产生的各种免疫调节因子，能够对水产动物自身免疫系统产生一定刺激作用，使免疫系统提升吞噬作用，最终强化机体免疫力。根据有关研究，动物和人类自身抗体、白细胞、免疫球蛋白等免疫指数都与益生菌保持着密切关联，按照0.2%的比例将复合益生菌（包含乳杆菌、乳酸菌、芽孢杆菌）添加到基础饲料当中，可以让机体血清中的过氧化氢与溶菌酶相关活性分别提升 23.2U/mL 和 0.75U/mL，证明益生菌可使水生动物的血清免疫活性得到显著提高。

（四）维持肠道微环境平衡

正常生理条件下，有益微生物在肠道内占主导地位，维持肠道内微环境的平衡。当受到水体环境恶化、饲料投喂不当、药物不合理使用等外界不良因素刺激时，有益菌群会受到破坏，造成肠道微生态失衡，进而引起机体抵抗力下降，诱发疾病。微生态制剂的加入可调节、恢复微环境，补充有益菌的数量，维持有益菌群的优势地位，促进微生物、环境和宿主之间物质、信息和能量的流动。

益生菌具有很强的环境适应能力，当益生菌处于一个新环境的时候，它可以快速生长和繁殖，并在很短时间内生长成优势菌群，从而在一定程度上对所处环境中的有害菌产生抑制作用，从间接层面增强水产动物机体免疫能力。益生菌在水产动物体内建立优势菌群之后，会在和有害菌竞争的过程中，实现特殊性抗生素的释放，这些抗生素可以杀害或者抑制有害生菌群。相关研究发现，益生菌分泌物所具有的一个非常重要的功能，就是可以对有害菌的附着能力加以抑制，进一步使益生菌在和有害菌的竞争中保持优势地位，最终使水产动物的肠道保持微生态平衡。

（五）改善养殖生态环境

水质的恶化严重影响着水产养殖动物的存活率和产量，在养殖过程中，水生动物的代谢产物、有机质的分解产物以及水体中的有毒有害物质，对养殖动物都存在着毒害作用。

有益菌可以降解和转化有机物，如分解残留饵料、动植物残体，减少或消除氨氮、硫化氢、亚硝酸盐等有害物质，进而达到改善水质、减少疾病的目的。

在水产养殖中应用益生菌，可在益生菌发挥其固氮、解硫、氨化、硫化、反硝化、硝化、过氧化等作用过程中，快速降低水体中的硫化氢、亚硝态氮、氨氮等有害物质，以及动物残骸、植物残骸、残余饵料、动物排泄物等各种大分子有机物，进而起到优化养殖水体的作用。因此，益生菌也是微生态水质调节剂。在受到天气等相关因素影响使养殖水体的水质变得相对浑浊的时候，应用益生菌，能够使浑浊水体变成清澈水体。根据有关研究，相比不使用益生菌的养殖水体，使用益生菌的养殖水体的透明度会提升 10～20cm。在养殖水体保持相对浑浊状态的时候，应用光合细菌，能够优化养殖水体整体环境。光合细菌在一定氧气和光照条件下，可利用水中存在的多种有机物，快速分解水体所包含的有毒物质，同时可对水质中所残留的饵料进行完全分解，进而达到调节水质的效果。

(六) 提升水产动物生长性能

益生菌可以对水产动物的肠运转时间、肠神经系统、肠道通透性产生影响，并以此为基础在宿主的代谢功能和脂肪组织功能上发挥作用，最终获得增产效果。利用益生菌组合制成的复合制剂，可以在多个方面推动水产养殖朝着健康方向发展，因为这些复合益生菌制剂可以提升矿物质、蛋白质、糖类等物质的代谢能力，使水产动物具有更高的免疫力，最终提升水产动物综合产量。在有关研究中，研究人员将复合益生菌乳酸芽孢 M3 添加到常规配料中，可使草鱼明显增重，增重量平均达到 38.12g。另外，有关实验发现在常规配料中适量地添加芽孢杆菌，可以使泥蟹幼蟹具有更高的生长性能和存活率。

四、微生态制剂存在的问题及发展趋势

有益微生物在水产养殖中已被广泛应用，但对其研究局限于应用效果，缺乏系统和深层次的研究。曲木等（2019）认为存在如下问题及发展方向。

1. 存在的问题

（1）种类少 微生态制剂可以有效避免抗生素使用中出现的弊端，但基于现阶段发展来看，微生态制剂菌种种类较少，尤其是在倡导绿色养殖理念的现阶段，更需要开发适宜水产养殖业的新菌种。

（2）稳定性差 微生态制剂作为一种活菌制剂，在使用、存储、运输等过程中，其活性易受到外界因素如水温、pH、溶解氧等的影响，而有关如何克服外界环境影响，保持菌群活性方面尚缺乏深入的研究。

（3）安全性 微生态制剂在水产上的应用时间较短，在菌种的选择上，所选菌株是否安全、有无毒副作用、是否会发生突变、对动物和环境是否会产生危害，尚缺乏可靠的理论体系。

2. 发展方向

微生态制剂为水产养殖业的绿色健康可持续发展提供了有力保障。基于微生态制剂的现存问题以及现阶段的研究热点和难点，微生态制剂今后的发展趋势主要有以下 4 点。

（1）开发专一性、高效性的微生态制剂，增强作用效果。

（2）通过多学科结合，如利用分子生物学与基因工程，对现有菌株进一步优化，在现有菌株特性的基础上，研制稳定性强、易于保存的新菌株。

（3）研制和利用工程菌，通过基因工程技术培育出性能更高的菌株，使其更适宜在水产养殖中应用，成为水产养殖动物机体内某种病原的免疫保护蛋白，从而解决水产养殖动物的病毒性疾病问题。

（4）现有的微生态制剂种类尚不能满足应用需要，要深入研究菌种之间的作用关系，利用优势菌群原理，研制出有利于水生动物生长的优良制剂。

参考文献

陈崎凤，2020. 益生菌在水产养殖中应用的研究 [J]. 现代农业研究，26：75-76.

范玲玉，林美芬，郑毅，2021. 水产养殖业微生物制剂应用研究进展 [J]. 食品与发酵科技，57 (1)：99-101.

黄标武，黄瑞，2015. 近江蛏滩涂养殖技术 [J]. 科学养鱼，10：44-45.

黄伟卿，林培华，张艺，2019. 青蟹"菌-藻"工厂化培育技术 [J]. 科学养鱼，6：58-59.

江航，沈新强，蒋玫，2014. 文蛤滩涂养殖海域水体有机污染综合评价 [J]. 安徽农业科学，42 (10)：2927-2930，2933.

赖龙玉，严正凛，钟幼平，2014.4 种不同藻类与鲍混养的初步试验 [J]. 集美大学学报（自然科学版），19 (2)：89-94.

李建军，潘元潮，2019. 美国硬壳蛤池塘养殖技术 [J]. 养殖与饲料，10：54-55.

刘慧玲，李扬海，吴颖豪，等，2016. 东风螺滩涂养殖区水质因子和微生物的周年变化特征 [J]. 热带生物学报，7 (3)：296-300.

刘瑞义，2020. 滩涂养殖缢蛏池塘接力养殖试验研究 [J]. 渔业信息与战略，35 (4)：286-292.

刘永，2006. 方斑东风螺的养殖技术 [J]. 水产养殖，27 (1)：22-24.

倪建军，郑青松，张志杨，2010. 文蛤池塘混养效益好 [J]. 农村新技术，13：53.

牛化欣，马甡，田相利，等，2006. 菊花心江蓠对中国明对虾养殖环境净化作用的研究 [J]. 中国海洋大学学报：自然科学版，36（增刊）：45-48.

裴琨，2007. 方斑东风螺池塘养殖的关键技术 [J]. 中国水产，8：48-49.

覃惠明，罗福广，黄杰，等，2019. 罗氏沼虾与环棱螺池塘混养技术试验 [J]. 养殖与饲料，3：11-15.

曲木，暴丽梅，赵子续，等，2019. 微生态制剂在水产养殖中的应用 [J]. 生物化工，5 (6)：102-106.

王志成，谢若痴，蔡德健，2005. 方斑东风螺池塘养殖试验 [J]. 水产科学，24 (10)：35-37.

文雪，王志成，梁志辉，等，2012. 方格星虫与凡纳滨对虾池塘混养试验 [J]. 水产科技情报 39 (5)：263-265.

谢小平，2015. 水产健康养殖水质调节新技术 [J]. 基层农技推广，3 (9)：101-102.

杨蕊，吴开畅，于刚，等，2019. 养殖模式对方斑东风螺生长及主要环境因子的影响 [J]. 水产科学，38 (5)：610-615.

叶乐，赵旺，吴开畅，2016. 工厂化养殖系统中方斑东风螺与海参混养试验 [C]. 三亚：南海海洋科技论坛暨第八届海南省科技论坛海洋环境保护与发展分论坛暨南海海上丝绸之路生态环境问题研讨会.

于宗赫，胡超群，齐占会，等，2012. 玉足海参与凡纳滨对虾的混养效果 [J]. 水产学报，36（7）：1081－1087.

袁华，沈辉，王李宝，等，2014. 菲律宾蛤仔滩涂生态养殖技术 [J]. 水产科技情报，41（1）：54－56.

钟如永，2019. 微生态制剂在现代水产养殖中的使用 [J]. 水产养殖，4：79－80.

第七章

稚螺培育与苗种投放

第一节　稚螺培育

东风螺生活史比较特殊,幼虫时营浮游生活,以单细胞藻类为食;后期,经过变态沉到池底,以有机碎屑为食;平时活动、栖息于沙里,投饵料时才爬出摄食。

一、稚螺前期培育

东风螺受精卵在卵囊中已孵化为面盘幼虫,然后破壳而出。幼虫孵出时具蝶形大面盘,边沿具纤毛,靠纤毛运动。幼虫培育7～14 d,变态附着,这时饵料为单细胞藻类和虾肉糜。变态3～4d后,排干池水收集稚螺。此时,稚螺容易受伤,应小心操作,水流缓慢。把稚螺投放到无沙的水泥池进行培育,水深60～80cm,密度20 000 个/m²。如果为室外水泥池,顶部要遮盖90%遮光率的遮阳网。以冰冻卤虫无节幼体、虾蟹贝的肉糜为饵料,投喂时稚螺多的地方多投,少的地方少投。

前期培育为期9～12d,前3d每天投饵料4～6次,卤虫无节幼体日投0.5g/万个,虾蟹贝肉糜日投6～10g/万个。后期饵料量适当增加,注意根据饵料残余适当增减。投饵时停止充气,其余时间保持充气和微流水。通过水流在出水口收集稚螺,投放到沙底水泥池培育。

二、稚螺中间培育

经过前期培育的稚螺,壳高为2～3mm,规格为85～190个/g。投放到铺有3cm细沙的水泥池中培育,沙粒径0.5～1.0mm为宜。放养密度10 000～15 000 个/m²,室外水泥池遮光同前期培育。饵料以虾、蟹、牡蛎、鱿鱼为主,剁碎后即可投喂,日投3～4次,日投饵20～40g/万个,根据摄食情况增减。投饵后1 h左右清除食物残渣。除投饵时停止充气外,其余时间充气和微流水。这时,稚螺活动能力增强,喜欢攀爬池壁,干露时间太长会导致死亡。可在池壁增加阻拦网或每隔1h左右用过滤海水把稚螺冲洗入池。经过40 d左右的培育,稚螺壳高6～18mm,可用于商品螺养殖。

冯永勤等(2009)报道,变态后的稚螺放于室外18 m²的水泥池及室内22、45 m²的水泥池进行前期中间培育,水深0.6～0.8m,池底未铺沙,培育密度10 000～20 000 个/m²。以经冷藏卤虫无节幼体及凡纳滨对虾、远海梭子蟹、枪乌贼和牡蛎肉糜为饵料。日投饵4～6

次（表 7-1）。除投饵时停止流水与充气 1 h 外，其他时间均流水和充气，日流水量为育苗水体的 1～2 倍。前期中间培育 9～12 d，培育结束后排水收集稚螺，以质量法抽样统计存活稚螺数。

表 7-1 稚螺中间培育投饵情况

培育时间（d）	饵料种类	日投饵次数	日投饵量（g/万个）
1～5	卤虫无节幼体	4～6	0.5
1～5	虾蟹贝肉糜	4～6	6～10
6～12	虾蟹贝肉糜	4	10～40

经前期中间培育的稚螺，壳高 2～3 mm，规格 86～192 个/g。将稚螺移至铺有 3.0 cm 厚细沙的室内及室外水泥池中进行后期中间培育。水泥池面积分别为 18、22、45 m²，水深 0.6～0.8 m。稚螺的培养密度约为 10 000 个/m²。以凡纳滨对虾、远海梭子蟹、枪乌贼、牡蛎或冰鲜鱼为饵料。凡纳滨对虾、枪乌贼和冰鲜鱼剁碎后投喂，蟹应破壳后投喂，牡蛎肉整体投喂，日投喂 3～4 次。开始时日投喂 20～40 g/万个，以后随摄食情况逐渐增加，至后期日投喂 180～200 g/万个，一般以投饵后 2 h 食完为宜。投饵后停止充气和停止流水 1 h。其他时间保持流水和充气，日流水量为育苗水体的 1～2 倍。由于稚螺喜欢爬出水面，为防止稚螺爬出水面干露而死，在水面交界的池壁上粘贴铝合金门窗用的纤维绒毛条为阻拦带。稚螺经过 41～68 d 的后期培育，壳高达到 0.6～1.8 cm，可作为商品螺苗进行养殖。

另有研究报道，2005 年 5—9 月共收获变态 2～4 d 的稚螺 1 956 万个，刚变态稚螺放于未铺设沙层的育苗池中进行 9～12 d 的前期中间培育。共收获规格 86～192 个/g 的稚螺 1 147.8 万个，成活率 57.4%～78.3%，平均成活率 58.7%。2006 年 3—6 月共收获变态 2～4d 的稚螺 1 829.4 万个，经前期中间培育后共收获规格 100～162 个/g 的稚螺 1 134 万个，成活率 55.2%～65.1%，平均成活率 59.9%。2005 年 5 月至 2006 年 6 月，共放养变态 2～4 d 的稚螺 3 785.4 万个，经前期中间培育后共收获规格 86～192 个/g 的稚螺 2 281.8万个，平均成活率为 60.3%。2005 年 6—11 月共收获前期中间培育后的稚螺 1 147.8万个，置于有沙层的水泥池中进行 41～55 d 的后期中间培育，共获壳高达 0.6～ 1.5cm 的养殖螺苗 726 万粒，平均成活率 63.3%。2006 年 3—7 月共收获前期中间培育后的稚螺 1 134.0 万个，置于有沙层的水泥池中进行 43～68 d 的后期中间培育，共获壳高达 0.6～1.8 cm 的螺苗 592.3 万个，平均育苗成活率为 52.2%。2005 年 6 月至 2006 年 7月，共培育成螺苗 1 318.3 万个，平均成活率 57.8%。

三、螺苗收获

1. 螺苗收集

东风螺苗壳高 6mm 时，外壳相对较坚硬，可作为商品苗。螺苗收获前停饵 1 d，然后选择适当的方法收集。东风螺苗收集方法有 3 种：带水过筛、干池过筛、饵料诱捕。无论哪种方法，都要小心操作，避免损伤螺苗。螺苗不能干露时间太长，避免高温或雨天收集。

（1）带水过筛 收苗时把水排至 15cm，用网目小于螺苗的尼龙手抄网带水捞苗，再把捞取的苗过筛,去除所有沙粒。把螺苗集中于大塑料盆中,如果螺苗大小差异显著,还要选择不同网目的螺筛分筛,一般分大、中、小3种规格,置于不同容器中。优点是:有水保护,不容易损伤螺苗。缺点是:操作时导致池水浑浊,引起螺苗缺氧受伤。因此,收苗时间应尽量缩短,最好不超过1h,其间应连续充气或适当换水。

(2)干池过筛 跟收集成品螺相似。把水排干,用塑料铲连苗带沙铲到螺筛中,之后用过滤海水冲洗去除沙粒即得螺苗。优点是:比带水过筛法收集螺苗快。缺点是:干露时间过长会对螺苗造成影响。高温时段和下雨天气不能收集螺苗,应选择早晨阴凉时段收集。螺苗大小差异显著时,用不同网目的螺筛分级。相似规格的螺苗同池投放,养到商品螺时,规格相近。

(3)饵料诱捕 收集螺苗前停止投饵1h,收集苗时,用网目小于螺苗的网兜装饵料,投放到池中,多设几个点。待螺苗集群摄食时,提起网兜收集螺苗于塑料盆中。优点是:不会损伤螺苗,也没有干露的危险,螺苗养殖成活率高。缺点是:收集速度慢。自己育苗、自己养殖的东风螺养殖场可以采用此方法。螺苗大小差异显著时,用不同网目的螺筛分级。相似规格的螺苗同池投放,养到商品螺时,规格相近。

2. 螺苗计数

东风螺养殖有密度限制,为了准确掌握螺苗数量,收集螺苗后应用科学方法准确计数。通常,东风螺苗计数方法有2种:质量计数法和容量计数法。

(1)质量计数法 随机抽取单位质量(比如200g)螺苗3~5次,分别准确计数,计算平均值,得出该单位质量螺苗的数量。然后称得螺苗质量,进而推算出螺苗数量。

(2)容量计数法 用小杯或小碗,在同规格螺苗随机取样3~5次,分别准确计数,计算平均值,得出该小杯螺苗的数量。然后,用小杯量取螺苗,进而推算出螺苗总数。容量计数法误差较大,自己育苗、自己养殖时,可用该法计数。此外,用质量计数法为佳。

四、螺苗运输

东风螺个体小,离水可存活,运输方便。东风螺苗收集、分规格完成后,运输到其他养殖场养殖。其运输通常有2种方法:干运输和带水运输。短距离运输选用干运输,长距离运输选择带水运输。无论选择哪种运输方式,都应考虑温度、密度、运输时间。

1. 干运输

东风螺苗收获后用过滤海水清洗,沥干,置于泡沫箱或塑料盘等容器中,螺苗累积高度10cm左右。用干净的毛巾浸泡过滤海水,适当拧干,盖住螺苗,盖上容器盖,装车运输。高温季节用带空调车辆运输,温度25℃左右。如果没有空调车,在螺苗容器中放置冰袋2~5个,避免高温对螺苗产生不良影响。干运输时间控制在5h内为佳。

许多单壳和双壳软体动物(螺类、贝类)苗种或成品多采用"干露运输"方法,具有易操作、成本低、成活率高等优点。孙煜阳等(2017)报道,为了解不同温度及保湿与干燥状态下厚壳贻贝稚贝的耐干露能力,分别在低温1、2、4和8℃,高温30、32和34℃的保湿和干燥条件下,测定壳长为(4.43±0.76)mm和(10.16±0.43)mm稚贝的耐干露能力。结果表明:稚贝在低温条件下的干露时间越长,存活率越低。干露24h后,4个低温组的稚贝存活率仍在90%以上,且4个温度组之间的存活率无显著差异($P>0.05$);

干露 30 h 后存活率开始显著降低；至 36 h 时，4 组稚贝存活率仅为 70.12%、77.02%、72.45% 和 72.72%，组间也开始出现了显著差异（$P < 0.05$）；而干露 24 h 后的稚贝的存活率与干露 48 h 后的稚贝的存活率有极其显著的差异（$P < 0.01$），1℃ 组跌至 31.39%，2℃ 组为 50.23%，8℃ 组 40.70%，而 4℃ 组最好，尚有 64.86% 的存活率；此后 1℃ 和 8℃ 组存活率继续快速下跌，2℃ 组稍有下降，4℃ 组基本稳定；至 72 h 实验结束时，4℃ 组的存活率分别是 1℃、2℃ 和 8℃ 组的 6 倍、1.5 倍和 2 倍。

在相同湿度条件下，厚壳贻贝稚贝干露后存活率与干露时间呈显著负相关（$P < 0.05$）。1~8℃ 条件下，厚壳贻贝干露半致死时间长达 45~91 h，而温度为 30~34℃ 时，干露的半致死时间为 17~23 h，低温时的耐干露能力是高温时的 3 倍以上。以 4℃ 保湿干露为厚壳贻贝稚贝的最佳运输条件，可保证 24 h 内 90% 以上的存活率。

夏昆等（2008）报道，温度对贝类的存活率有很大影响，呈负相关。该试验中的温度控制范围可分为冰温区 -1.5~-0.5℃、冰藏区 0℃、冷藏区 4~6℃、低温区 9~11℃ 和常温区 18~20℃，基本涵盖了实际生产运输过程中所涉及的温度范围，具有一定的实际参考价值。对于紫彩血蛤，冰温区 -1.5~-0.5℃ 的保活效果明显，应用前景广阔，但对设备依赖性较高；淡水冰堆积是最简单有效的保活方法，但也存在运输成本增高、能源消耗巨大这些不符合节约型社会需求的缺点；冷藏条件下的活体运输应该是未来发展的一个重要方向。对于紫彩血蛤的保活，湿度有一定的影响，与其存活率呈正相关，相对湿度越高越有利于蛤体的存活。

由于菲律宾蛤仔个体较小、壳较薄等特点，不耐储藏及长途运输，王霞（2010）研究其运输方法与存活期，以及预测存活期间的货架期，以期为菲律宾蛤仔在运输和销售过程中的保活提供参考。将菲律宾蛤仔分别置于 6 个不同的保活温度以及在不同的保活方式下保活，研究了其离水后存活期及存活率，结果表明：温度对菲律宾蛤仔的存活率有较大的影响。保活温度越高，死亡速度越快，低温保活能有效延长贝类的存活期，保活效果十分显著。0℃ 冰箱和冰水混合保活组的存活率最高，第 9 天时存活率仍然是 100%。而保存方式对菲律宾蛤仔的存活率也有较大的影响，其中纱布保活组的菲律宾蛤仔的存活率最高，保活 9 d 存活率仍为 100%，保活时间最长，保活 11 d，仍有 20% 的存活率，该方法适合于实际应用。

2. 带水运输

收集螺苗、整理、分级，置于虾苗袋中，每袋 1.5~5kg，加入海水没过螺苗 3cm，充入氧气，扎紧袋口，就可以装车运输了。也可以把螺苗置于网兜中，放置于活鲜水车的水箱中，连续充气，可以长途运输。打包运输或水车运输均应有空调，设置温度以 25℃ 为佳。

高创新（1998）报道了青虾苗带水包装运输应注意的问题。被装运的虾苗要求体质健壮、规格整齐、无杂质、游动活泼、身体透明、没有黏着物。经活水船高密度暂养，淘汰劣质苗后再装运成活率高。虾苗的规格应在 1.5~2.0cm，过大的虾苗耗氧量大，直接影响装运的成活率。同时装运的虾苗袋中不得含有小杂鱼、大的抱仔虾及其他枯草、败叶等杂物。另外，要掌握合理的装运数量，视苗体大小，一般每个虾苗袋装水 3~4 kg，装苗 2 500~3 500 尾。装车时氧气袋叠放 3 层，每车装运的数量以 70 万~80 万尾为宜。运输多在夜间进行，气温较低，运输时间在 6~8h。

在运输东风螺苗时，也可以参考虾苗运输：傍晚收苗，晚上运输，避开高温时段，保证成活率。虽然东风螺苗运输相对容易，但螺苗分级、整理、充氧打包、运输时间等细节要考虑周到。

第二节　苗种投放

一、陆基水泥池养殖

东风螺陆基养殖的水泥池一般为长方形，面积 10～20m²，池深 0.8～1.0m。利用虾苗池改造的东风螺养殖池，深度 1.3m 左右，工作量偏大，但不影响养殖。养殖池每 2 个为 1 组或 4 个为 1 组，20 个池为 1 个车间，车间之间间隔 2m 以上，可减少细菌互相传染。东风螺对水池形状要求不高，虾苗池、鲍池，圆形的、方形的，均可用于东风螺养殖。按照前面的准备工作，先进行消毒、活化、投放海参等，完成后，即可投苗。

东风螺苗经过中间培育，壳高增大，一般养殖要求壳高 6mm 以上（2 000～6 000 粒/kg）。选择个体大小均匀、壳面光滑、纹理清晰、无附着物、摄食良好、活动力强、无异常死亡的个体。相同规格，投放进相同的池子。养殖场最好能自己培苗，这样能跟踪观察螺苗的健康状况，为顺利养殖打好基础。

养殖池水深 60cm，投放东风螺苗前确保池水盐度与苗池相差小于 3，将螺苗均匀撒播于养殖池中，密度 1 200 个/m²。

林越赳等（2011）报道了露天水泥池方斑东风螺养殖技术。试验用螺苗规格差异不大，花纹较深且健康、壳形完整、壳层较厚、活动力强、摄食好。第一批于 2009 年 8 月 10 日将 10 万个壳高 0.6～1cm 的螺苗分别放入 5 口池，面积 20m²/池，投放密度 1 000 个/m²。第二批于 2010 年 7 月 10 日将 10 万个壳高 0.6～1cm 的螺苗分别放入 5 口池，20m²/池，投放密度 1 000 个/m²。

养殖条件：沙粒直径 0.1～0.5mm，水温 12.6～29.6℃，pH 7.8～8.2，盐度 26～33，溶解氧 5mg/L 以上，用遮阳网调节光照，不间断充气，每天换水量达 100%。饵料投喂：壳高小于 2cm 前，以冰鲜牡蛎肉为主，后期投喂小杂鱼、扇贝内脏等。每天投饵 1 次，一般在下午 3：00—5：00 投喂，饵料量为螺体重的 3%～10%，亦可视投饵后 1h 略有剩余为宜，2h 后及时清除残饵。其生长情况见图 7-1。

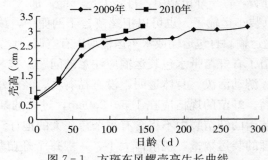

图 7-1　方斑东风螺壳高生长曲线

林清海（2014）报道，在一般养殖条件下，投放壳高在0.6～1.0cm的东风螺苗1 000个/m²，1.0cm以上螺苗900～1 000个/m²。东风螺为肉食性，饵料种类有鱼类、虾类、蟹类、贝类、头足类、多毛类等。不间断充气，每天换水量达100%以上。经过3～5个月养殖可达商品规格。

黄瑞等（2006）报道，在静水和流水条件下，养殖密度显著影响东风螺壳高的日生长量。在培养密度较高时，玻璃缸流水培养效果要优于静水培养。但同为低密度培养时，静水与流水效果差异不大。水泥池养殖结果显示，平面养殖每平方米可养壳高15mm以下幼螺1 000～2 000个，壳高15～20mm的1 000～1 200个，壳高20mm以上的600～800个。

总而言之，东风螺放养密度会影响其日生长量。不同学者初始实验密度不同，以1 000粒/m²为宜。

二、池塘养殖

开展东风螺池塘养殖时选择盐度常年不低于20的对虾养殖池塘。面积1～2亩，池底铺沙5～10cm，养殖水深0.6～1.0m。经过晒塘、消毒、加水、肥塘即可投放螺苗。密度5万～13万个/亩，一般粗养池塘放养密度80～100个/m²，精养池塘放养密度160～200个/m²。饵料以鱼肉、贝肉为主，减少食物残渣，饵料量通常为螺总重量的2%～5%。3～5d换水1次。

裴琨（2007）报道了池塘养殖东风螺关键技术。选择的海区应水质良好，pH在8.0以上，相对密度为1.010～1.029，极端最低比重不低于1.008。池塘面积为350～1 500 m²，池深1.5m，呈圆形或正方形，向中央倾斜。设有1个80cm宽的自然进排水闸门、1个直径为40cm的中央排污孔。建池时先压实底泥，后铺设地膜至堤基面，再铺设5～10cm沙。清除池塘中的杂物，用20mg/L高锰酸钾消毒池壁、池沙。未养过螺的淡水新沙还要用海水浸泡7d方可使用。先排干池塘中浸沙的水，然后进新过滤的海水，水深为60～100cm。水太浅，水温变化大，影响螺的生长。选购颜色鲜艳、反应灵敏、闭壳紧密、规格整齐的健康螺苗，规格为4 000个/kg。均匀播放苗种，密度为500个/m²。投喂蟹肉、虾肉、鱼肉等。东风螺的摄食量高达体重的10%，但食得过饱爬行时会吐食，因此，不要喂得过饱，按螺体重的8%投喂，一般1d投喂1次即可。投饵后注意观察螺的摄食状况，以螺吃完没有剩余为准。待螺潜入沙后，开启水车式增氧机使池水旋转，把蟹壳、鱼骨、残饵等集中旋到中央排出池外。每次排污后加进新的海水，保持水质清新、稳定。大雨来时，应增加水深，降低闸门门板，排除池塘表面的雨水；下大暴雨时，可用海水精或生盐兑水全池泼洒（不能直接撒），延缓池水变淡的速度；抽取相对密度高的海水加入池塘。养殖5个月左右即可收获东风螺。

赵刚（2013）报道，用池塘养殖东风螺时，选择进排水方便、面积为1～5亩的虾塘较为理想。进水口必须避开其他虾塘的排污口，以免感染。排水系统要求能彻底排干池水，塘底要铺厚5cm以上、直径0.2～1.0mm的细沙。原来即为沙质底的虾塘，必须经过翻晒消毒后才能进水放入螺苗，禁用含氯消毒剂，以免伤害东风螺。螺苗放养前必须试水，用一个笼具装上少量螺苗放入池塘，观察3～5 d，能正常摄食、正常生长则可放苗。

放养密度为每亩 5 万～10 万个。密度越小，东风螺生长越快，成活率越高。饵料种类主要有小杂鱼、蟹肉、虾肉、蚝肉。但投蟹肉后会剩空壳在虾塘内，给清污工作带来很大不便。虾肉、蚝肉营养价值较高，且污染少，较多使用，但这两者成本高。小杂鱼成本相对低，且能大量提供，但要去头、去尾、开肚，净肉洗净再经切肉机切碎方能投喂。养殖 5 个月左右即可收获东风螺。

池塘养殖东风螺，密度比较低，生长较快，养殖 3 个月，大多数个体体重可以达到 6～9 g 的商品规格。可以采用贝笼诱捕方式收获，捕大留小，根据市场价格陆续收获。池塘养殖东风螺，1 年可养 2 造，每造 4 个月左右。

池塘养殖东风螺可参照水泥池养殖投入海参、江蓠（或麒麟菜），净化养殖环境，容易成功。

三、滩涂养殖

笼统地说，滩涂贝类都可以在滩涂养殖。东风螺、文蛤、杂色蛤、牡蛎、青蛤等都是滩涂养殖的贝类（刘庆营，2007）。东风螺栖息地是沙质浅滩，滩涂养殖正利于其天然习性。东风螺爬行能力不强，可以在风平浪静的海滩直接投苗，密度 300 个/m²。投喂管理类似于池塘养殖。滩涂养殖方便，成本低，但长时间养殖会导致滩涂环境恶化。刘庆营（2007）报道，老化和荒芜贝类养殖滩涂通过采取翻耕、整平、压沙等滩质改良措施及时修复和调控，可提高滩涂的通透性，优化滩涂养殖环境，使滩涂的生产能力得到恢复，走精养高产之路。还可以在滩涂上筑成一条条与潮流垂直的垄埝，或沿潮流方向在滩涂上筑成一个个的方块式畦田。垄埝和畦田具有蓄水作用。这种养殖模式的优点是增加滩涂贝类的生长时间，同时改善生长环境，避免夏季高温造成滩面温度过高导致滩涂贝类死亡。

缢蛏是典型的滩涂养殖贝类，黄标武等（2015）报道，近江蛏养殖场应选择在风浪较小、潮流畅通、流速缓慢、地势平坦、底质为泥质或泥沙、海水常年相对密度在 1.002～1.012 的内湾滩涂，尤以淡、海水交汇处水域为好。风浪过大或洪水时易带入大量泥沙的区域不适宜养殖近江蛏。养殖前将养殖涂面进行翻耕，一般要经过翻土、耙土、平涂等步骤。软泥质翻深 25～30 cm，硬底质则翻深 35 cm，第一次翻深些，第二次较浅。然后将已经翻耙的泥面用推板推平，以使干露时埝面不积水。一般每亩播壳长 1 cm 的近江蛏蛏苗 30 万～35 万个（450～525 个/m²）。蛏苗壳长 2 cm 以上的，播苗量适当减少。近江蛏蛏苗经过 5～6 个月的养殖，最大壳长达 90 mm、壳高 24.5 mm，平均壳长达到 77 mm、壳高 18.5 mm。一年蛏平均壳长可达 90 mm 以上，两年蛏的壳长可达 110 mm。近江蛏生长快，蛏苗放养后，当年即可收获，每亩的产量可达到 3 500～4 200kg。

杨正兵等（2009）报道，杂色蛤滩涂养殖选择 3 月中下旬大潮汛期进行播苗，因为大潮期滩涂干露时间长，播下的苗有足够的时间钻土，潜钻率高。播苗前，先将苗种盛在桶内，用海水洗净，除去杂质。播放蛤苗在养成场地干露时进行，人背着风向后退着将苗种均匀撒在养殖滩上。杂色蛤的播苗密度根据滩质优劣、苗种的大小、海区环境条件的好坏来确定。规格为 5 000 个/kg 的蛤苗投放密度为每亩 400～500kg（3 000～3 700 个/m²）。

许鹏等（2010）报道，泥螺俗称梅螺、黄泥螺、麦螺等，广泛分布于朝鲜、日本和我国厦门以北沿海。泥螺螺肉味美爽口、营养丰富，除食用外，还可入药。泥螺的滩涂养殖是一项成本低、投资少、收益高、风险小的滩涂养殖产业,具有良好的发展前景。采用干涂播苗,在退潮后进行,在涨潮前 1h 停止播苗。放苗密度与滩涂质量、管理技术等有关。放苗量以 100 个/m² 为宜,切不可盲目增大放苗密度。养殖周期 2~3 个月,一年可以养2 茬,每茬每公顷产量在 750kg 以上。

东风螺滩涂养殖是成本低、投资少的产业,放养的密度也小,对环境无影响。刘慧玲等(2016)报道,于 2013 年 12 月至 2014 年 10 月对东风螺滩涂养殖区与非养殖区的水质因子(氨氮、亚硝态氮、硝态氮、活性磷)和微生物(弧菌、总异氧菌)进行检测,以期了解东风螺滩涂养殖区水质因子与微生物的周年变化。结果表明,氨氮、亚硝态氮、硝态氮的高峰出现在 3—5 月,活性磷的最高值出现在 10 月,而 5—10 月,弧菌都维持在较高的浓度;各个水质因子与微生物的检测数据呈波动变化,除氨氮以外,其他指标养殖区与非养殖区间差异不明显。这说明在当前的养殖面积(18 hm²)和养殖密度(300 个/m²)下,东风螺养殖未对海区水质因子与微生物群落造成明显的影响。

参考文献

陈远,袁成玉,李桐良,等,2003. 文蛤稚贝中间育成密度对其生长的影响 [J]. 水产科学,22(1):24-26.

冯永勤,周永灿,李芳远,等,2009. 方斑东风螺规模化苗种繁育技术研究 [J]. 水产科学,28(4):209-213.

高创新,1998. 青虾苗运输应注意的几个技术问题 [J]. 科学养鱼,10:38.

黄标武,黄瑞,2015. 近江缢蛏滩涂养殖技术 [J]. 科学养鱼,10:44-45.

黄瑞,苏文良,龚涛文,等,2006. 方斑东风螺养殖技术研究 [J]. 台湾海峡,25(2):295-301.

林清海,2014. 方斑东风螺露天水泥池养殖技术 [J]. 农村新技术,4:26-27.

林越赳,周宸,林清海,等,2011. 露天水泥池方斑东风螺养殖技术探讨 [J]. 福建水产,33(4):23-26.

刘慧玲,李扬海,吴颖豪,等,2016. 东风螺滩涂养殖区水质因子和微生物的周年变化特征 [J]. 热带生物学报,7(3):296-300.

刘庆营,2007. 滩涂贝类养殖新方式的探索 [J]. 齐鲁渔业,24(1):29.

裴琨,2007. 方斑东风螺池塘养殖关键技术 [J]. 中国水产,8:48-49.

孙煜阳,童巧琼,王文,等,2017. 厚壳贻贝在不同温度下的干露耐受性研究 [J]. 生态学杂志,34(4):42-46.

王霞,2010. 菲律宾蛤仔离水后的存活期及存活期内的微生物和理化指标变化 [D]. 湛江:广东海洋大学.

夏昆,崔艳,江莉,等,2008. 紫彩血蛤低温保活技术研究 [J]. 安徽农业科学,36(26):11542-11543.

许鹏,夏念丽,2010. 泥螺滩涂养殖技术 [J]. 齐鲁渔业,27(8):34-35.

杨正兵,杨德平,倪建忠,2009. 杂色蛤滩涂养殖关键技术 [J]. 齐鲁渔业,26(4):34.

赵刚,2013. 利用虾塘养殖东风螺技术 [J]. 农村新技术,7:19-20.

第八章

日常管理

第一节 饵料管理

一、饵料种类

东风螺食性是从植食性到肉食性的转变。幼虫期以单细胞藻为食，后期摄食有机碎屑（比如虾片、虾苗用 BP 粉等），稚螺期摄食虾、蟹、鱼等的肉糜，养成期饵料以新鲜的鱼类、虾类、蟹类、贝类、头足类、多毛类等，视当地海区盛产品种为主，其中以虾蟹的营养价值较高，市场价格也较高。在东风螺工厂化养殖过程中，为了降低养殖成本，一般以投喂小杂鱼为主。

魏永杰等（2007）报道，方斑东风螺从 EV（早期幼虫）到 LV（后期幼虫），纤维素酶比活力极缓慢地逐渐上升，到 VCM（具变态能力幼虫）阶段陡然达到最大，变态后突然降低到很低的水平（图 8-1）。EV、LV（8d）和 LV（12d）3 阶段之间及稚贝 J（3d）和 J（15d）之间纤维素酶比活力差异不显著，其余各阶段间差异显著（$P < 0.05$）。

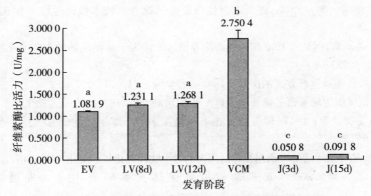

图 8-1 方斑东风螺早期发育各阶段纤维素酶活性

关于纤维素酶的来源，学术界曾有争议。曾有学者认为动物消化道内的纤维素酶主要来源于肠道微生物或饵料所携带的纤维素酶。而有学者推断，纤维素酶是一种无脊椎动物的酶，脊椎动物在早期进化过程中减少或丧失了纤维素酶，因而高等动物缺乏这种酶。王骥等（2003）通过分子生物学方法成功分离出了福寿螺内源性多功能纤维素酶的基因，进一步证实了贝类具有分泌纤维素酶的能力。如果认为方斑东风螺体内的纤维素酶主要来自肠道微生物，那么稳定条件下不同发育阶段的纤维素酶比活力应该无明显变化或呈现单方向（升高或降低）的逐渐变化，但实验结果并非如此。在以卵黄囊为营养源、没有投喂外源性饵料的早期面盘幼虫阶段，纤维素酶比活力与变态后12d内的后期面盘幼虫阶段之间没有显著差异（$P>0.05$）。这一现象也不支持外源性饵料携带的纤维素酶对方斑东风螺幼体的纤维素酶起主要贡献的观点。如果认为方斑东风螺自身分泌纤维素酶占主导地位，外源性微生物和饵料引入起辅助作用，则很容易解释本研究中所出现的各阶段纤维素酶比活力的变化情况。从早期面盘幼虫到孵出后12d的后期面盘幼虫，纤维素酶比活力因自身调节和外源引入而小幅度增加，但增加幅度不显著（$P>0.05$）。在接近变态时（VCM阶段）幼体需要积累较多的能量以备变态，在生理调节和外源性消化酶的引入等多方面因素（其中以内源性调节为主）的作用下，纤维素酶比活力达到最大值。变态后稚贝转为摄食动物性饵料，纤维素酶比活力降低到非常低的水平。这说明东风螺后期以肉食性为主。

东风螺的嗅觉很发达，对食物具有明显的选择性，是饵料选择和配制人工配合饵料需要考虑的重要因素。吴伟军等（2005）在培育东风螺稚螺时发现，其对饵料的选择性依次为：蟹肉、罗非鱼、虾肉、甫鱼、小杂鱼、滚子鱼。从喜食性和成本考虑，最后选择了以早期投喂蟹肉后期投喂罗非鱼肉相结合的方法，效果很好。在实际生产中，切鱼剁蟹及投喂前清除残饵十分费工费时，不利于扩大生产。梁飞龙等（2005）在试验中观察到，幼螺喜食食物顺序依次为：蟹类、虾类、鱼类。首先，煮熟的饵料和新鲜饵料相比，诱食性不明显，新鲜饵料诱食性稍强，煮熟的蟹类、虾类、鱼类，肉较硬，而东风螺是用吸管吸食的肉食性螺类，新鲜饵料肉质松软，有利于其摄食；其次，东风螺生活在天然海区中，摄食的是天然蟹类、虾类、鱼类，适应了食物的变化。还注意到投饵后，如果东风螺摄食，摄食行为会在1～2h内结束，并爬离食物，即使食物继续留在池中，东风螺也很少靠近食物摄食。因此，幼螺饵料应以新鲜或冰冻饵料为宜，并且投饵2h后要将残饵捞掉，以免败坏育苗池水质。

陈德富（1997）在泥东风螺繁殖与食性研究中发现，不论白天或晚上投饵，均可见到泥东风螺成体积极摄食，但对食物具有选择性。投饵时，同时投给小带鱼碎块、对虾颗粒状配合饲料、菲律宾蛤仔。发现泥东风螺对小带鱼碎块很敏感，很快就找到小带鱼碎块，先用足抓住小带鱼碎块，然后伸长吻将其吃掉；对对虾配合饲料反应不敏感，但也少量摄食；对菲律宾蛤仔活体没有反应，未见捕食。渔民诱捕泥东风螺，一般采用小杂鱼作诱饵，认为泥东风螺是肉食性。刘德经等（1998）报道，台湾东风螺对4种不同食物的嗅觉反应敏感性由高到低依次为：三疣梭子蟹、管鞭虾、缢蛏、白姑鱼。把4种不同食物（日本蟳螯足、三疣梭子蟹螯足、缢蛏鲜体、白姑鱼片）放在诱捕笼中诱捕台湾东风螺，日本蟳的诱捕效果最好，其次是三疣梭子蟹，白姑鱼最差。

目前，东风螺的养殖仍以投喂新鲜鱼虾蟹肉为主，并取得了较好的养殖效果。但投喂冰鲜鱼的缺点是显而易见的：冰鲜鱼对水体环境污染大，如不及时清理，极易造成养殖水体中有害微生物滋生；残饵和沙质清理十分困难，尤其在大规模养殖过程中，工人操作时间长，工作强度大。新鲜野杂鱼的供应常常不稳定，如在东风螺的养殖生长旺期，常因休渔期而直接造成饵料鱼供应紧缺。此外，从长远看，野杂鱼渔获量逐年递减，这些都直接影响了东风螺规模化养殖的持续性。鉴于目前东风螺养殖的实际情况，采用人工配合饲料替代现有的冰鲜饵料尤为必要。目前国内外对东风螺摄食习性、营养需求研究甚少，缺少足够的参考文献和资料。市场上有少量成熟的专用东风螺饲料。

一般地，饲料蛋白含量越高，饲养的动物生长越快。但刘立鹤等（2006）报道，以优质鱼粉、豆粕等原料制成蛋白质含量不同的 6 组饲料（粗蛋白含量分别为 48.16％、45.64％、40.67％、35.68％、30.80％、25.96％），喂养台湾东风螺 47 d，以投喂鲜杂鱼组作为对照。分别于 15、27、37、47 d 测定螺体重、螺宽、螺高等生长指标，差异不显著（表 8-1、表 8-2、表 8-3）。

表 8-1　不同蛋白水平饲料、不同养殖天数东风螺的体重（g）

组别	0d	15d	27d	37d	47d
1	1.595±0.110	1.653±0.107	1.762±0.105	1.872±0.091	1.974±0.103
2	1.595±0.110	1.672±0.030	1.750±0.031	1.897±0.032	1.980±0.012
3	1.595±0.110	1.683±0.140	1.760±0.110	1.883±0.121	1.999±0.135
4	1.595±0.110	1.690±0.054	1.766±0.068	1.866±0.047	1.980±0.061
5	1.595±0.110	1.623±0.050	1.680±0.078	1.824±0.067	1.966±0.012
6	1.595±0.110	1.696±0.027	1.768±0.046	1.892±0.044	1.967±0.087
7	1.595±0.110	1.696±0.105	1.863±0.121	2.070±0.044	2.262±0.097

表 8-2　不同蛋白水平饲料、不同养殖天数东风螺的宽度（mm）

组别	0d	15d	27d	37d	47d
1	13.01±1.18	13.48±0.33	13.54±0.14	13.82±0.27	14.09±0.27
2	13.01±1.18	13.63±0.11	13.60±0.08	13.91±0.09	14.08±0.06
3	13.01±1.18	13.73±0.41	13.64±0.18	13.92±0.32	14.10±0.27
4	13.01±1.18	13.44±0.16	13.58±0.13	13.89±0.09	14.07±0.13
5	13.01±1.18	13.45±0.15	13.48±0.17	13.70±0.14	13.97±0.17
6	13.01±1.18	13.47±0.05	13.52±0.19	13.96±0.09	14.05±0.21
7	13.01±1.18	13.28±0.08	13.72±0.28	14.37±0.13	14.68±0.20

表 8-3　不同蛋白水平饲料、不同养殖天数东风螺的高度（mm）

组别	0d	15d	27d	37d	47d
1	19.48±1.90	20.96±1.27	21.14±0.07	21.55±0.18	21.89±0.15
2	19.48±1.90	21.30±1.31	21.22±0.07	21.37±0.06	21.80±0.06
3	19.48±1.90	21.42±1.14	21.08±0.35	21.41±0.44	21.77±0.40
4	19.48±1.90	21.12±1.28	21.17±0.08	21.47±0.11	21.83±0.05
5	19.48±1.90	20.91±1.18	20.99±0.37	21.18±0.40	21.57±0.42

（续）

组别	0d	15d	27d	37d	47d
6	19.48±1.90	21.30±1.22	21.24±0.30	21.53±0.23	21.80±0.32
7	19.48±1.90	21.00±1.84	21.56±0.47	22.12±0.22	22.83±0.22

　　不同蛋白水平饲料对东风螺的生长并无显著影响，但不同蛋白水平饲料的饲料系数还是呈现出随着饲料蛋白含量的增高而降低的趋势，这尤其体现在 27 d 和 37 d。与此同时，37 d 前饲料的蛋白质效率虽没有显著差异，但也呈现出随饲料蛋白水平增加而逐渐升高的趋势。这些都较好地反映出东风螺生长过程中对饲料利用的一致性，且表明东风螺对饲料的利用率与饲料中蛋白质的质与量有关。在 47 d 的养殖过程中，粗蛋白含量为 25.96% 饲料组，饲料系数显著高于其他蛋白水平组，而蛋白质效率显著低于其他饲料组。因此，从饲料利用率和生长综合分析，初步可推断出东风螺对蛋白质的需求不应低于 25%，否则就可能因东风螺对饲料利用率的降低，影响东风螺生长，同时造成饲料浪费。而且不同蛋白水平的饲料对东风螺的常规体组成均无显著影响。这都说明东风螺对蛋白的耐受范围较广，这种现象在鲫上也较明显。但从氨基酸层面分析，不同蛋白饲料对东风螺螺肉中的部分中性氨基酸和精氨酸的含量产生了显著影响，蛋白含量低的饲料组，东风螺螺肉的中性氨基酸含量通常较低。而这方面可参考的资料不多，因此，蛋白水平对东风螺螺体氨基酸组成的影响及机理尚需进一步的研究。

　　在该试验中，用不同蛋白水平的颗粒饲料投喂东风螺，东风螺生长性能没有显著差异。这表明在使用优质蛋白源的情况下，颗粒饲料中蛋白质含量 25% 左右即可以基本满足东风螺的生长需求，至于投喂饲料蛋白含量差异较大的饲料，而东风螺的生长并无显著降低的情况，在同为腹足纲的鲍研究中也有类似的报道。目前公开报道鲍的蛋白质需要量为 20%～47%，据此认为以优质蛋白源为原料，35% 的蛋白质足可以满足鲍的最佳生长需要，即使饲料蛋白质降至 25%，鲍生长受抑制的可能性仅为 5%。

　　吴建国等（2009）报道了不同蛋白源饲料对方斑东风螺相对增量率及相对生长率的影响。按表 8-4 设计了 6 种不同蛋白源的饲料，缢蛏作为对照组。经 75 d 的饲养实验以后，各处理组的方斑东风螺的相对增量率、去壳增量率、相对生长率、日增量及日增长数据中，以配方 5 的相对增量率最高（25.73%），且显著高于配方 1（13.79%）（$P < 0.05$），但与其他各实验组差异不显著（$P > 0.05$）。在日增长的变化方面，用豆粕替代鱼粉，日增长随着豆粕替代比例的增加而降低，但在配方 5 即鱼粉、豆粕、菜籽饼以 1∶1∶1（质量比）的比例组合时方斑东风螺的日增长反而变大。

表 8-4　方斑东风螺实验饲料组成（%）

配方组别	鱼粉	豆粕	茶籽饼	啤酒酵母	糊精	鱼油
1	63				7.5	5
2	34	34			2.5	5
3	28	42			0.5	5

（续）

配方组别	鱼粉	豆粕	茶籽饼	啤酒酵母	糊精	鱼油
4	24	48			0	3.5
5	23	23	23		1.5	5
6	31	31		5	3.5	5

在 75 d 饲养实验所得的饲料转化率（FCR）、蛋白质效率（PER）和成活率（SURV）中，各实验组的饲料转化率、蛋白质效率的变化趋势与相对增量率类似，配方 5 的饲料转化率最高（31.63%），显著高于配方 1（17.08%）（$P < 0.05$），但与其他各实验组差异不显著（$P > 0.05$）。蛋白质效率的变化范围为 0.48～0.91，其中以配方 5 最高，显著高于配方 1 和配方 2（$P < 0.05$），与其他各实验组差异不显著（$P > 0.05$）。实验过程未出现螺死亡现象，各组成活率无显著差异（$P > 0.05$）（表 8-5、表 8-6）。

表 8-5 不同蛋白源的饲料对方斑东风螺相对增量率及去壳增量率的影响

饲料编号	初始质量（g）	终末质量（g）	相对增重（%）	初始去壳质量（g）	终末去壳质量（g）	去壳增重（%）
1	59.57±0.26	67.77±0.66	13.79±1.6[a]	23.18±0.10	26.65±0.15	14.95±1.17[b]
2	57.77±0.06	67.83±2.06	17.47±3.6[ab]	22.48±0.02	28.28±1.30	25.79±5.94[ab]
3	58.23±1.70	69.96±0.23	20.19±3.1[ab]	22.66±0.66	29.51±0.42	30.26±1.96[a]
4	59.90±1.02	71.99±2.45	20.17±2.0[ab]	23.31±0.40	30.77±0.40	31.96±1.69[a]
5	58.30±0.71	73.29±0.52	25.73±0.6[b]	22.69±0.28	31.65±0.38	39.49±0.03[a]
6	58.50±1.65	70.15±1.78	19.92±0.3[ab]	22.77±0.64	30.78±0.70	35.22±0.76[a]
对照组	60.19±0.88	93.49±2.28	55.37±6.0[c]	23.43±0.34	37.65±1.09	60.69±6.99[c]

表 8-6 不同蛋白源饲料的饲料效果

饵料编号	饲料转化率（%）	蛋白质效率	成活率（%）
1	17.08±1.75[a]	0.48±0.05[a]	100±0.00
2	21.67±5.35[ab]	0.60±0.15[a]	100±0.00
3	25.13±4.27[ab]	0.72±0.12[ab]	100±0.00
4	26.56±3.69[ab]	0.72±0.10[ab]	100±0.00
5	31.63±0.78[b]	0.91±0.02[b]	100±0.00
6	26.42±1.49[ab]	0.77±0.04[ab]	100±0.00

实验过程观察到，方斑东风螺对生鲜饵料缢蛏（对照组）的摄食明显优于饲喂人工配合饲料的实验组。实验结果也表明，对照组在相对增量率和相对增长率方面都显著高于实验组（$P < 0.05$）。东风螺摄食主要依靠嗅觉和触觉，而缢蛏作为天然饵料，在形状和气味上都适于东风螺摄食，所以其诱食性明显比配合饲料好。另外，在营养组成方面，缢蛏作为天然饵料含有丰富的营养成分，其粗蛋白（干质量）含量达 62.34%，而且脂肪、氨基酸等营养成分可能也更接近方斑东风螺的营养需求，从而导致对照组的生长优于实

验组。

罗俊标等（2014）为探讨人工配合饲料中不同蛋白水平对方斑东风螺稚螺生长的影响，采用蛋白质含量分别是 18.58%、24.30%、30.08%、36.44%、42.64% 和 48.86% 的配合饲料进行了试验。试验水温（28.5±1.5）℃，海水盐度 1.017 8±0.000 8，pH 7.9±0.5，试验期 6 周。结果表明：配合饲料各组中，当蛋白水平高于 36.44%（Ⅳ组）时，方斑东风螺稚螺壳高和壳宽增长率以及增重率均显著高于 18.58%～30.08% 组；各组间成活率差异不显著（$P>0.05$）。采用折线回归模型分析配合饲料中蛋白水平与增重率的变化关系：$y_1=5.573x-1.84$（$R^2=0.922$）；$y_2=2.367x+135.33$（$R^2=0.823$）。可见，方斑东风螺稚螺配合饲料中，适宜的蛋白质添加水平为 42.78%。

试验饲料中不同蛋白含量（表 8-7）对方斑东风螺壳宽和壳高增长率影响的结果显示，Ⅳ、Ⅴ和Ⅵ组的壳宽增长率分别为（9.69±3.51）%、（9.95±9.00）% 和（9.93±1.48）%，显著高于Ⅰ、Ⅱ和Ⅲ组（$P<0.05$），Ⅱ和Ⅲ组显著高于Ⅰ组（$P<0.05$），其余各试验组间差异不显著（$P>0.05$）。Ⅳ、Ⅴ 和Ⅵ 组的壳高增长率分别为（61.69±4.32）%、（65.54±6.61）% 和（67.59±3.31）%，显著高于Ⅰ、Ⅱ和Ⅲ组（$P<0.05$），Ⅲ组显著高于Ⅰ和Ⅱ组（$P<0.05$），其余各组间差异不显著（$P>0.05$）（表 8-8）。试验饲料对方斑东风增重率和成活率的影响显示，末重最高为Ⅵ 组（1.18±0.04）g，Ⅴ组次之（1.17±0.08）g，Ⅰ组最低，为（0.63±0.45）g，Ⅳ、Ⅴ 和Ⅵ组的末重显著高于Ⅰ、Ⅱ和Ⅲ（$P<0.05$），Ⅲ组显著高于Ⅰ和Ⅱ组（$P<0.05$），其余各组间差异不显著（$P>0.05$）。Ⅵ组增重率最高（247.05±4.25）g，Ⅴ组次之（244.12±5.91）g，Ⅰ组最低（85.29±3.75）g，Ⅳ、Ⅴ和Ⅵ 组的末重显著高于Ⅰ、Ⅱ和Ⅲ组（$P<0.05$），Ⅲ组显著高于Ⅰ和Ⅱ组（$P<0.05$），其余各组间差异不显著（$P>0.05$）。Ⅴ组成活率最高，为（87.67±14.04）g，Ⅱ组最低，为（73.33±16.31）g，投喂配合饲料的各组间成活率均在 73.33% 以上，各组间差异不显著（$P>0.05$）（表 8-9）。

表 8-7　试验饲料组成（g）及成分（%）

原料	Ⅰ	Ⅱ	Ⅲ	Ⅳ	Ⅴ	Ⅵ
鱼粉	12.00	20.0	28.00	36.00	44.00	52.00
豆粕	18.00	18.00	18.00	18.00	18.00	18.00
啤酒酵母	5.00	5.00	5.00	5.00	5.00	5.00
卵磷脂	1.50	1.50	1.50	1.50	1.50	1.50
鱼油	2.00	2.00	2.00	2.00	2.00	2.00
高筋面粉	44.90	36.90	28.90	20.90	12.90	4.90
其他	16.60	16.60	16.60	16.60	16.60	16.60
主要成分	Ⅰ	Ⅱ	Ⅲ	Ⅳ	Ⅴ	Ⅵ
粗蛋白	18.38	24.30	30.08	36.44	42.64	48.86
粗脂肪	8.32	8.46	8.54	8.64	8.79	9.61

（续）

主要成分	I	II	III	IV	V	VI
粗灰分	8.13	9.28	10.35	11.99	12.95	14.46
水分	9.01	9.13	9.05	8.92	8.85	8.90

表 8-8　试验饲料对方斑东风螺生长的影响

试验组	初壳宽（mm）	末壳宽（mm）	壳宽增长率（%）	初壳高（mm）	末壳高（mm）	壳高增长率（%）
I	7.11±0.59	10.60±2.35c	4.90±7.75c	12.73±2.42	17.35±7.48c	36.26±5.82c
II	7.17±1.79	12.07±1.56b	6.84±2.17b	12.82±2.31	17.62±0.95c	37.43±5.24c
III	7.11±1.23	12.93±3.14b	8.18±2.34b	12.84±3.71	18.49±2.21b	43.99±3.84b
IV	6.98±2.58	13.74±1.34b	9.69±3.51a	12.64±2.52	20.43±3.02ab	61.69±4.32a
V	7.05±1.72	14.06±2.93a	9.93±9.00a	12.65±4.47	20.95±4.88a	65.54±6.61a
VI	7.01±1.38	13.97±2.26ab	9.93±1.48a	12.72±1.56	21.31±3.01a	67.59±3.31a

表 8-9　试验饲料对方斑东风螺增重率和成活率的影响

试验组	初重（g）	末重（g）	增重率（%）	成活率（%）
I	0.34±0.02	0.63±0.45c	85.29±3.75c	79.00±10.47
II	0.34±0.01	0.77±0.44c	126.47±7.51c	73.33±16.31
III	0.33±0.01	0.95±0.02b	187.87±9.45b	82.33±16.62
IV	0.34±0.01	1.08±0.03a	217.64±9.68a	87.33±16.92
V	0.34±0.01	1.17±0.08a	244.12±5.91a	87.67±14.04
VI	0.34±0.01	1.18±0.04a	247.05±4.25a	85.67±14.82

　　蛋白质是水产动物生存的物质基础，在机体代谢中起重要作用的酶、协调作用的激素、免疫细胞因子和抗体等，都以蛋白质为主体构成，其对动物体的生长及代谢起重要作用。有关不同蛋白源对方斑东风螺生长性状的研究国内已有相关报道，发现不同蛋白源对稚螺的生长产生了显著的影响。刘立鹤等（2006）采用不同蛋白源饲育台湾东风螺，结果显示不同蛋白源组东风螺的生长性状出现了显著的差异。当配合饲料中蛋白质含量高于36.44%，东风螺稚螺壳宽和壳高增长率显著增加，由于各实验组投喂的饲料除蛋白含量不同外，其他营养成分无明显差别，实验过程中的管理包括养殖密度的控制、饵料的投喂、水环境的控制等都保持一致。研究结果进一步证明饲料中蛋白质含量对东风螺稚螺的生长有显著的影响。各实验组成活率在73.33%～87.67%波动，各组间差异不显著（$P>0.05$）。不同蛋白含量的饲料只是对稚螺的生长性状产生了影响，并未对其成活率产生影响。饲料营养水平影响水产动物的生化组成和含量，该实验也印证了这一结论，配合饲料中不同蛋白水平对东风螺肉内脏团内水分、灰分和磷的含量均有显著的影响（$P<0.05$），而对内脏团中蛋白含量各组间差异不显著（$P>0.05$）。而王冬梅等（2008）研究发现：不同饵料显著影响了方斑东风螺腹足肌肉的粗蛋白、粗脂肪含量，但对水分和粗灰分无显

著影响，这一结论与该研究结果刚好相反。试验中，以相对增重率为指标，按直线回归分析法确定方斑东风螺稚螺人工配合饲料中蛋白质的适宜含量为42.78%。关于东风螺最适蛋白含量的研究，许贻斌等（2006）采用回归分析法确定方斑东风螺饲料蛋白质适宜含量为36.47%～43.10%。相比较而言，试验结果虽在其确定的范围内，但方斑东风螺不同生长发育阶段的个体或者同一生长发育阶段的不同个体，在不同的水温、盐度等环境条件下，都有可能导致其对蛋白质的最适宜需求量不同。一般来说，水产动物对蛋白质的需求随着个体增大呈下降趋势。可见，东风螺在不同生长发育阶段对蛋白质的摄食需求量是不同的，详细研究东风螺不同生长阶段以及多因素组合因子联合作用下对摄食蛋白质的营养需求，才能为研发人工配合饲料提供较全面的科学依据。

二、饵料处理

在幼虫培育中，投喂单胞藻前，先让藻液静置一段时间，取上浮活力好的投喂。骨条藻、虾片、酵母、螺旋藻粉用300目筛绢搓洗后投喂。幼虫变态后改投鱼浆和碎鱼肉，但此方法容易引起水质和底质的恶化，导致幼虫和稚螺大量死亡。为减轻水质污染，可把鱼内脏、鱼皮、鱼肚和脂肪去除，剁碎后投喂稚螺。

变态期是幼虫生活习性从浮游向底栖、摄食习性从植物性饵料向动物性饵料转变的时期。东风螺产卵不同步，导致幼虫发育不同步、到达变态期也不同步，所以在幼虫变态期要在投喂藻类的基础上增投动物性饵料。变态期幼虫要投喂鱼浆或碎鱼肉以满足已变态幼虫的摄食需要。根据笔者在育苗过程中的观察，变态期投喂鱼浆，幼虫也可以变态为稚螺，但鱼浆中小颗粒鱼肉悬浮于水中，不能被稚螺摄食到，易污染水质，大颗粒鱼肉则沉于水底，不能被稚螺完全摄食干净，也没有办法将它们清除，易污染底质。投喂鱼浆和碎鱼肉的做法往往会引起水质和底质的恶化，导致幼虫和稚螺大量死亡，造成出苗率低。变态期幼虫个体较大、面盘趋于萎缩，而腹足变得发达，活动于水体的底层，并交替进行爬行和游泳。笔者曾将即将变态的幼虫放入玻璃缸中，一夜之间幼虫面盘全部脱落而从浮游生活转变为底栖生活，并开始主动觅食块状鱼肉。已变态的幼虫具有爬行能力，其嗅觉也很发达，投喂鱼肉后，距离鱼肉1m远以内的稚螺会很快地向鱼肉移动，距鱼肉不同距离的稚螺对鱼肉的反应时间不同。

刘永等（2004）用简易饵料台（图8-2），采用多点、定点将薄片状鱼肉投喂到饵料台的方法，投喂东风螺。该方法一方面可以使已变态稚螺充分摄食，并可以检查幼虫的变态情况，另一方面便于清除残饵、避免残饵污染水质，并证明这是变态期合理的饵料投喂方法。

在养成期，目前东风螺饵料主要是小杂鱼，有部分人工饲料。为了防止病原从饵料传染东风螺，通常将新鲜小杂鱼速冻，减少病原的繁殖。投饵时，解冻后投喂，也可以用

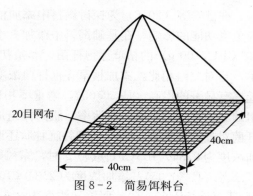

图8-2 简易饵料台

PVP-I水溶液消毒。钟春雨等（2005）报道，用PVP-I水溶液消毒小杂鱼、鱿鱼、螃

蟹等，然后投喂东风螺，是防止东风螺患"走肉病"的途径之一。

在东风螺饲料中加入添加剂（如芽孢杆菌、壳聚糖、乳酸杆菌等），可有效促进东风螺的生长。

乳酸菌是动物和人类肠道中重要的生理性菌群之一，在自然界广泛分布。绝大多数乳酸菌对动物和人无毒、无害、无副作用，且在动物肠道体内担负着重要的生理代谢功能。众多研究以及实践应用已表明，将乳酸菌等有益菌制作成微生物制剂，应用到水产养殖中，具有增强水产动物机体免疫功能、提高抗病抗应激能力、促进生长等作用，且安全无毒、无污染、不产生抗药性，是抗生素的理想替代品之一。

冼健安等（2016）以鱼粉为主要蛋白源、α-淀粉为主要糖源、鱼油为主要脂肪源配制试验所需的基础饲料。菌粉由中国热带农业科学研究院热带生物技术研究所提供，乳酸菌含量为 6.0×10^8 CFU/g。不添加乳酸菌的基础饲料为对照组，在基础饲料中分别添乳酸菌 1.2×10^7 CFU/100g、1.2×10^8 CFU/100g、1.2×10^9 CFU/100g 配制 3 种试验组饲料。用试验饲料投喂初始平均体质量 0.62g 的方斑东风螺，经过 70d 的养殖试验，结果显示，与对照组相比，饲料中添加乳酸菌对方斑东风螺稚螺的生长性能和肌肉组分均没有显著影响（表 8-10）。

表 8-10 饲料中添加乳酸杆菌对方斑东风螺生长的影响

项目	乳酸菌浓度（CFU/100g）			
	0	1.2×10^7	1.2×10^8	1.2×10^9
初平均体重（g）	0.64±0.01	0.62±0.00	0.62±0.01	0.62±0.01
末平均体重（g）	2.15±0.04	2.06±0.10	2.11±0.05	2.14±0.06
增重率（%）	235.16±4.40	232.81±14.77	241.93±8.11	246.30±7.39
特定生长率（%/d）	1.73±0.03	1.72±0.07	1.76±0.04	1.78±0.03
肥满度	0.38±0.03	0.35±0.02	0.34±0.04	0.39±0.05
肉壳比（%）	0.64±0.07	0.60±0.04	0.58±0.09	0.65±0.13
脏体比（%）	8.31±0.68	8.76±0.71	7.87±1.20	8.99±2.00
成活率（%）	91.67±2.89	90.30±3.82	92.50±0.00	91.67±2.89

冼健安等（2016）为探讨饲料中添加枯草芽孢杆菌对方斑东风螺稚螺生长、肌肉组成与免疫功能的影响，在基础饲料中添加 3 个不同浓度（2.34×10^5、2.34×10^7 和 2.34×10^9 CFU/100 g）的枯草芽孢杆菌，养殖初始体重为 0.62 g 的方斑东风螺 10 周。结果显示，与对照组相比，添加枯草芽孢杆菌浓度为 2.34×10^9 CFU/100 g 时，增重率和特定生长率有显著的提高（$P<0.05$)；增重率相比对照组提高了 11.4%；与对照组相比，试验组的脏体比、肥满度、存活率、肌肉体组成没有显著性差异（$P>0.05$)；添加枯草芽孢杆菌对过氧化氢酶（CAT）和谷胱甘肽还原酶（GR）活力没有显著影响（$P>0.05$)；添加浓度为 2.34×10^5 CFU/100 g 时，东风螺肝胰腺的超氧化物歧化酶（SOD）活力提高 17.8%（$P<0.05$)；添加浓度为 2.34×10^9 CFU/100 g 时，碱性磷酸酶（AKP）活力提高 61.9%（$P<0.05$)，而添加浓度为 2.34×10^7 和 2.34×10^9 CFU/100 g 时，酸性磷酸酶（ACP）活力分别提高 28.9% 和 94.6%（$P<0.05$)。这些结果表明，饲料中添加

2.34×10^9 CFU/100 g 的枯草芽孢杆菌可显著提高方斑东风螺稚螺的生长性能和部分非特异性免疫功能。

芽孢杆菌广泛存在于自然界中，是目前使用最为广泛的益生菌种类之一，具有安全、稳定、不产生抗药性、无毒害残留等优点，其中，枯草芽孢杆菌是农业农村部允许直接投喂动物的微生物添加剂，是目前水产养殖中最为常用的芽孢杆菌。以往的研究表明，饲料中添加各类芽孢杆菌能够提高斑点叉尾鮰、黑鲷、杂交鲟、奥尼罗非鱼、草鱼、青鱼、异育银鲫以及凡纳滨对虾等的生长性能。一般认为，芽孢杆菌能够定植在动物肠道内，产生维生素、氨基酸、促生长因子等多种营养物质，并且产生多种酶类，提高动物体的消化酶活力，参与胃肠道的代谢过程，提高饲料中营养物质的消化吸收率，从而促进动物的生长。也有报道显示，枯草芽孢杆菌可以通过改善草鱼肠道黏膜形态，促进其对饲料的吸收利用，从而促进其生长。添加枯草芽孢杆菌浓度为 2.34×10^9 CFU/100 g 时，增重率和特定生长率也有显著提高，表明枯草芽孢杆菌可以作为饲料添加剂应用于方斑东风螺稚螺的配合饲料中，有效促进方斑东风螺的生长。

李军涛等（2019）探究了梯度添加壳聚糖（chitosan）对方斑东风稚螺生长性能和免疫相关酶活性的影响。选用体重 0.9 g 左右的方斑东风螺稚螺 480 个，随机分到 12 个养殖试验箱，每个箱中放入螺苗 40 个。分别饲喂添加 0、0.2%、0.6%、1% 含量壳聚糖的饲料，日饲喂量为螺总重的 5% 左右，饲养试验时间为 90 d。结果表明，1% 和 0.6% 壳聚糖添加组方斑东风螺稚螺的成活率分别达到了 94.17% 和 92.5%，明显高于对照组，差异显著（$P < 0.05$）；各壳聚糖添加组与对照组相比在增重率、肥满度、肉壳比、脏体比都没有出现显著性差异（$P > 0.05$）。饲料中添加壳聚糖可以通过提高方斑东风螺稚螺肝脏中免疫相关酶的活性提高饲养成活率，并能够在一定程度上加快生长速度。

壳聚糖是一种应用较为广泛的免疫增强剂，主要通过：①吸附 H^+，结合体内酸性物质，抑制、中和胃酸分泌，保护胃黏膜；②促进肠内有益菌群的繁殖，抑制有害菌群的滋生及减少大肠杆菌生长的机会，调整肠道生态环境，提高鱼体消化机能；③提高肠道和肝胰脏的蛋白酶、淀粉酶，以及肝脏极低密度脂蛋白的活性；④在饲料表面形成一层保护膜，延长水化时间，保护饲料养分，防止霉变，不污染水源，进而提高生长性能和饲料利用率。在饲料中梯度添加壳聚糖，方斑东风螺稚螺的成活率呈现持续增加的趋势，可能是由于壳聚糖作为免疫增强剂，一方面抑制了病原菌在螺体的滋生，另一方面增强了方斑东风螺自身的免疫性能，使其体质增强、成活率增加。

三、饵料数量

目前东风螺的饲料主要有小杂鱼、蟹肉、虾肉、蚝肉、罗非鱼等。一般每天傍晚投饵1 次，投饵量为螺体重的 2%～5%。个体较大的杂鱼投喂前切成30g 左右的小块，具体投喂量根据螺的摄食情况而定。在生产上，一般以饵料在投喂 2h 后略有剩余为佳。温度、盐度适宜，水质良好时，东风螺摄食旺盛，可以多投饵料。水温过低、暴雨天气、台风天气，东风螺活动比较弱，摄食弱，可以少投饵料。另外，每周可以停止投饵 1d，让东风螺能充分消化食物和吸收营养。当东风螺活力差、患病时，减少投饵。

在上述饵料生物中，虾肉、蚝肉不但营养价值高，而且污染少，还可以全部吃完，但两者成本较高。小杂鱼成本相对低，且能大量提供，但工作量较大，要开肚去脏和洗净切块。据养殖经验，东风螺非常喜食海水罗非鱼、虾、蟹等。从喜食性和成本考虑，采取早期投喂蟹、虾肉与后期投喂罗非鱼肉相结合的方法，效果较好。具体的投喂方法是：放苗的第 2 天开始投喂虾肉或牡蛎肉，1 个月后可投喂整条鱼。

郑冠雄等（2005）报道，投东风螺苗的第 2 天就开始投饵，投饵量为螺体重的 3%～5%。实际的日投饵量应根据方斑东风螺的数量、平均体重计算，再根据摄食状况、天气、水温、水质、生长速度等确定，一般以投饵 2h 后略有剩余为好。具体的日投饵量、体重随养殖时间的变化而变化。在第 1 个月内主要投虾肉，1 个月后虾鱼交替投喂，同时尽可能做到饵料均匀交错分布，以免螺摄食过度集中。每天投喂 2 次，即每天上午 6：00—7：00 和下午 2：00—3：00，投料时要关增氧机，待 2h 后再重新启动。天气好时多投，烈日、寒冷、暴雨天气时少投，水温低于 16℃或高于 33℃时少投。壳长 0.8～1.0cm 的方斑东风螺，经 135d 养殖达到商品规格 120 粒/kg，成活率 99%。第 1 个月摄食量明显增加，生长速度最快，此时应加大投喂量及选择营养价值较高的饵料。第 2 个月起螺苗生长速度稍放慢，但随着个体逐渐长大，投喂量也加大，此时应加强日常管理。采用水泥池微流水人工控制技术与日常换水相结合养殖东风螺，生长速度快，每茬约需 8 个月。

第二节 水质管理

养殖东风螺通常进水 50～80cm，基本水质要求前面已讲述，本节是讲如何维持东风螺养殖池水质的稳定，同时必须保证增氧系统 24 h 连续正常充气，保持池水溶解氧大于 5 mg/L。

现在流行的东风螺养殖模式是直灌直排的，也就是一边进水一边排水。这种方式的水质管理劳动强度比较小，清除残饵、监测溶解氧和 pH 即可。

在东风螺通常养殖模式中，加入混养生物（江蓠、海参、虾）可以减少换水量，降低患病概率。日常管理中，要注意巡池，观察东风螺的摄食及水质情况，每天适量换水，全天充气。沙层需定期冲洗：首先排干水，软管接进水口，打开阀门，海水轻轻冲向有螺的沙层，清除池里的脏物、杂物，然后加水。一般 5～7d 要冲洗 1 次，具体情况要根据螺的摄食情况及水温而定，也有整个养殖周期不冲洗沙层的。水温越高，螺摄食量越大，底质恶化越快，沙层发黑严重，需勤冲洗甚至倒池换沙。巡池观察：每 4～6h 巡池 1 次，巡查人员进出螺池时要洗净手脚，注意卫生，杜绝病害传染。观察流水、充气是否正常，螺摄食、运动、爬壁情况，海参、江蓠是否有死亡，并记录检查结果。若海参、江蓠有死亡情况，用外观完整、健康的海参和江蓠替换死亡个体即可。

黄海立等（2006）在室内水泥池，利用沙层自净养殖模式（沙层离开池底）和直接铺沙养殖模式（沙层紧贴池底）对不同规格的方斑东风螺进行了高密度养殖研究。结果表明，沙层自净养殖模式养殖小螺、中螺、大螺组日均增重分别为 0.031、0.088、0.098 g/d，沙层氨氮最高含量分别为 1.3、2.1、3.1 mg/L，硫化氢最高含量分别为 0.03、0.07、0.14mg/L，各规格组东风螺保持正常生长和活动，成活率 92.9%以上；直接铺沙养殖模式养殖小螺、中螺、大螺日均增重分别为 0.023、0.051、0.068 g/d，成活率分别为

95.2%、86.7%、84.9%，沙层氨氮最高含量达到13.7mg/L，硫化氢最高含量达到0.47mg/L，沙层底质恶化，东风螺活动异常、不摄食。可见，沙层自净养殖模式对方斑东风螺的生长、成活率、沙层水质控制效果显著，在一定程度上克服了直接铺沙养殖底质恶化的问题。

杨蕊等（2019）为探讨养殖模式对方斑东风螺生长及养殖系统主要环境因子的影响，开展方斑东风螺与玉足海参、细基江蓠的多营养层级综合养殖。试验在海南省万宁市某东风螺养殖与示范试验基地进行。试验池规格为5.74m×2.87m×1.0m，池底铺一层塑料漏水底板，底板上覆盖固定一层60目筛网，筛网上铺一层4~6cm厚的粒径为2~3mm经消毒处理的细沙，池内每2m²布设散气石1个，养殖池前后分别布设进水管和排水管。东风螺苗放养前进行养殖用水与底沙的活化，多营养层级综合养殖组（混养组）放养体质量为300~500g的玉足海参2个/m²，细基江蓠500g/m²；对照组（单养组）不放养海参和江蓠，其他条件相同。密度1 200个/m²，每组均设3个重复。养殖用水为沙滤海水，微流水养殖，光照度5 000~10 000 lx；养殖期间，水温25~32℃，pH7.8~8.2，盐度25~33，溶解氧5~8mg/L。饵料以新鲜小杂鱼为主，玉足海参没有另投饵料，细基江蓠养殖也无另加营养盐。养殖全程未使用消毒剂和药物。

试验结果显示，细基江蓠、玉足海参与东风螺混养可显著促进东风螺的生长，养殖成活率提高10.42%，养殖产量提高28.48%，饵料效率提高3.21%；江蓠对养殖水体中氨氮、亚硝酸盐有较好的净化作用，吸收率分别为60.2%、62.4%；玉足海参对养殖底沙中总氮、总磷、有机碳的去除率分别为40.8%、41.4%、37.9%，显著改善养殖底沙环境；整个养殖过程中，养殖水体弧菌、底沙弧菌和东风螺体内弧菌密度均未出现较大波动。

氨氮、亚硝酸盐是水产养殖中重要的水质指标，有效控制氨氮、亚硝酸盐的含量对水产动物的生长、存活具有重要的意义。研究发现，水产养殖中混养江蓠，可有效吸收水体中的氨氮、亚硝酸盐等有害物质，改善养殖水环境，减轻富营养化，控制有害藻华等（Yang et al.，2015）。混养江蓠后，盘鲍养殖池中氨氮、亚硝酸盐、硝酸盐和磷酸盐的含量显著降低，绳江蓠的吸收率分别达到90%、80%、82%、90%，真江蓠的吸收率分别为91%、86%、81%、92%（赖龙玉等，2014）。

翁文明等（2021）加入混养生物处理尾水，研究东风螺半循环水养殖。养殖基地水源供应及处理循环利用过程见图8-3。海区的沙滤井水进入配水池，经配水池中的沙过滤后输送到东风螺养殖池。从东风螺池中出来的养殖尾水经排水沟进入养殖尾水处理池，在池中经过生物处理后，经沙滤输送到配水池中与海区海水混合进入东风螺养殖池。在所有系统中混养凡纳滨对虾用于清除残饵，减少饵料损失。

在养殖尾水处理池中构建石斑鱼-对虾-桡足类-单细胞藻类-微生物系统，同时利用池底的沙及其中的底栖动物以实现对养殖尾水的生物处理。在配水池构建对虾（小杂鱼）-单细胞藻类-微生物系统，经过沙滤处理进一步达到净化的目的，实现养殖尾水的循环利用。

试验开展期间，养殖池未发生病害，全程未使用抗生素，东风螺生长良好，经5个月的养殖，64口养殖池共收获东风螺7 690.7 kg，每池平均收获东风螺120.17 kg，与大多

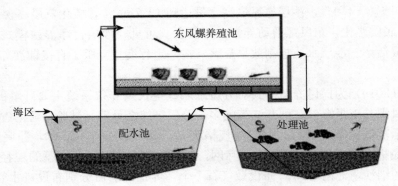

图 8-3　方斑东风螺工厂化半循环水养殖示意图

数东风螺养殖场每池的产量基本持平。试验养殖的东风螺共销售 69.91 万元，东风螺售价平均为 90.90 元/kg；试验共投入 29.2 万元，包括购买鱿鱼等饵料 7.98 万元、电费 3.98 万元、东风螺落底苗支出 2.24 万元、养殖设施折旧费及药品等费用约 15 万元；利润为 52.77 元/kg。

第三节　混养生物管理

方斑东风螺养殖池中混养的生物主要有凡纳滨对虾、江蓠、玉足海参，尾水处理池投入的生物主要有罗非鱼、贻贝、江蓠或麒麟菜和光合细菌。

一、凡纳滨对虾

东风螺养殖早期可能遇到过多的小型甲壳类，它们干扰东风螺摄食，甚至钻入东风螺内脏团和螺壳之间，导致东风螺壳肉分离。利用凡纳滨对虾摄食特性，可有效防御。

凡纳滨对虾学名 *Litopenaeus vannamei*（Boone，1931），又称南美白对虾、万氏对虾、白脚虾、白腿对虾，原产于太平洋沿岸水域秘鲁北部至墨西哥桑诺拉一带。它具有头胸甲小、含肉率高、抗逆力强、生长快、繁殖期长、耐高密度和低盐度养殖、便于活虾运输等优点，是世界对虾养殖的三大种类之一。

凡纳滨对虾属杂食性种类，偏动物性食性。自然水体中，在幼虾期，主要以水生昆虫幼体、小型甲壳类、水生蠕虫、动物尸体、有机碎屑等为食，成虾期食物组成多样。凡纳滨对虾生存的水温为 6～39 ℃，在 18～35 ℃水温范围内均可摄食和生长，而在 24～33 ℃摄食和生长较好，且随温度的升高，凡纳滨对虾的摄食和生长增强。30～33 ℃是凡纳滨对虾生长和摄食的最适水温，在此温度下摄食和生长均可达到峰值。

凡纳滨对虾可以适应的盐度为 0.5～50，最适盐度为 15～35。虾苗经淡化后尚可在微盐水池塘中养殖。在 pH7.5～8.5 的弱碱性水中生活较好，低于 7 时生长受限制，溶解氧在 6～8mg/L 时，凡纳滨对虾生长较快；在粗养池塘中，溶解氧可在 4mg/L，但勿低于 2mg/L。

东风螺养殖中投放的凡纳滨对虾密度为 3 尾/m² 左右，从其食性和生物学特性看，完全满足其生存需求。目前未有凡纳滨对虾和东风螺交叉感染研究报道。整个养殖过程中，不需要对凡纳滨对虾特别管理，也不需要投饵料。如果发现凡纳滨对虾死亡过多，则另行补充。

另外，Lin等（2001）研究发现，总氨氮和非离子氨氮对凡纳滨对虾的安全浓度分别为3.55mg/L和0.16mg/L。孙国铭等（2002）研究发现，总氨氮和非离子氨氮对凡纳滨对虾的安全浓度分别为2.667mg/L和0.201mg/L。黄海立等（2006）在室内水泥池，利用沙层自净养殖模式（沙层离开池底）和直接铺沙养殖模式（沙层紧贴池底）对不同规格的方斑东风螺进行了高密度养殖研究，结果表明，沙层氨氮最高含量分别为1.3、2.1、3.1mg/L。可见，东风螺养殖池的氨氮不会影响凡纳滨对虾生长。

二、江蓠

东风螺养殖期间，粪便和残饵分解会产生过多的氨氮。江蓠可利用氨氮作为自己生长的营养盐，从而降低氨氮浓度。

江蓠养殖场所在海区一般要求风浪较小、水质澄清、潮流通畅、有一定淡水流入和营养盐丰富，在潮间带浅滩要求地势平坦、退潮后略有积水、底质较硬。浮筏式养殖要求退潮后能保持2m以上的水深。海区适宜水温为5～20℃，盐度为15～30，此外敌害生物要少。

主要的养殖方式是池塘撒苗养殖。先在海边建造池塘，池内清除杂藻和其他敌害生物，由闸门引进海水，保持水深0.5m左右。然后将江蓠种苗撒在池塘中，每亩约投放鲜藻体300kg，让其悬浮生长。每隔3～4d利用潮汐换水1次，并施放尿素等化肥。每月收获1次，留下一定种苗，使其继续生长。

东风螺养殖池的温度和盐度均适宜江蓠生长。江蓠池塘养殖中要投放尿素等营养盐，东风螺养殖池投放江蓠很少，不需要添加营养盐。但由于江蓠成堆投放，要经常翻动、挪动位置，避免江蓠固定处于一个位置。养殖过程中，也发现江蓠有死亡，挪动位置可避免局部水质恶化。如果江蓠死亡过多，比如死亡50%，需将原有江蓠清除，重新投放等量江蓠。

如果当地缺乏江蓠，可改用马尾藻等大型藻类，只要容易投放和移除即可。

三、海参

东风螺养殖期间，粪便和残饵等有机颗粒分解会生成氨氮，导致养殖水体的氨氮上升。海参是腐食性生物，可摄食粪便、饵料残粒和底栖硅藻等。利用这种特性可减少东风螺养殖池的有机残渣。

东风螺养殖池中通常混养低值的玉足海参。玉足海参生活时体长200～300mm，直径40～50mm。体呈圆筒状，前端常比后端细。口偏于腹面，具触手20个。背面散布少数疣足，排列不规则。腹面管足较多，排列也无规则。生活时全体为黑褐色或紫褐色，腹面色泽较浅。海南周边有分布，多生活于潮间带中潮或高潮区，裸露在水洼中或珊珊礁区或石下。

依据海参的生态习性，池塘养殖海参需设置参礁。参礁材料多种多样，因地制宜，多以石块、瓦片、水泥框架、旧扇贝笼为主。原则上要多孔、多层，参礁面积应占池塘面积的 40％左右，高度以 50～80cm 为宜。饵料投喂应根据养殖条件、放养密度而定，在低密度情况下，一般通过施肥繁殖底栖饵料生物，以投放参礁上附着的底栖硅藻、有机碎屑等为主。在养殖密度较大和摄食生长旺盛季节需要适量投饵，投喂鼠尾藻、海带、裙带菜等藻类碎屑和人工全价配合颗粒饵料，投喂量一般占海参体重的 3％～5％。

东风螺养殖池中投放的海参较少，只需投少量瓦片作为隐蔽物。东风螺的排泄物、饵料残渣、底栖硅藻足够海参摄食，无需另外投喂。在养殖过程中，发现海参有腐皮溃烂现象，不能投放药物，以免影响东风螺的品质。只能清除表皮溃烂的海参，换上健康的海参。患病的海参集中在一起，可用青霉素、链霉素各 30mg/L 药液浸浴 30min。然后换新水集中管理，待表皮溃烂症状完全消失后，可以再投入东风螺养殖池。否则，就要深埋销毁。

参考文献

陈德富，1997. 泥东风螺 *Babylonia lutosa*（Lamarck）的繁殖与食性［J］. 现代渔业信息，12（7）：21-23.

黄海立，周银环，符韶，等，2006. 方斑东风螺两种养殖模式的比较［J］. 湛江海洋大学学报，26（3）：8-12.

赖龙玉，严正凛，钟幼平，等，2014. 4 种不同藻类与鲍混养的初步试验［J］. 集美大学学报（自然科学版），19（2）：89-94.

李军涛，邱承浩，冼健安，等，2019. 饲料中添加壳聚糖对方斑东风螺稚螺生长性能和免疫相关酶活性的影响［J］. 饲料工业，40（18）：10-14.

梁飞龙，毛勇，余祥勇，等，2005. 方斑东风螺人工育苗试验［J］. 海洋湖沼通报（1）：79-85.

刘德经，肖思祺，1998. 台湾东风螺生态学的初步研究［J］. 中国水产科学，5（1）：93-96.

刘立鹤，陈立侨，董爱华，等，2006. 不同蛋白水平饲料对台湾东风螺生长性能和体组成的影响［J］. 水产科学，25（12）：601-607.

刘永，梁飞龙，毛勇，等，2004. 方斑东风螺的人工育苗高产技术［J］. 水产养殖，25（2）：22-25.

罗俊标，骆明飞，李勇，等，2014. 配合饲料中不同蛋白含量对方斑东风螺稚螺生长和体组成的影响［J］. 水产养殖，35（1）：11-15.

孙国铭，汤建华，仲霞铭，2002. 氨氮和亚硝酸氮对南美白对虾的毒性研究［J］. 水产养殖，1：22-24.

王冬梅，王宇鸿，王维娜，等，2008. 方斑东风螺配合饲料养殖试验［J］. 水产科技情报，35（1）：36-38.

王骥，丁明，李燕红，2003. 福寿螺（*Ampullaria crossean*）内源性多功能纤维素酶基因的克隆［J］. 生物化学与生物物理学报，35（10）：941-946.

魏永杰，黄斌，柯才焕，等，2007. 方斑东风螺早期发育过程中几种消化酶的活性［J］. 热带海洋学报，2（1）：55-59.

翁文明，蔡岩，卢明辉，等，2021. 方斑东风螺工厂化半循环水养殖试验［J］. 科学养鱼，3：64-65.

吴建国，黄兆斌，王波，等，2009. 不同蛋白源饲料对方斑东风螺生长的影响［J］. 厦门大学学报（自然科学版），48（4）：600-605.

吴伟军，谢达祥，阮志德，等，2005. 方斑东风螺室内人工育苗试验［J］. 水产科技情报，32（1）：18-20.

冼健安，陈江，张秀霞，等，2016. 饲料中添加枯草芽孢杆菌对方斑东风螺稚螺生长、肌肉组成与免疫功能的影响 [J]．饲料工业，37（4）：5-9.

冼健安，陈江，张秀霞，等，2016. 饲料中添加乳酸菌对方斑东风螺稚螺生长、肌肉组成与免疫功能的影响 [J]．河北渔业，2016，1：1-4.

许贻斌，柯才焕，王德祥，等，2006. 方斑东风螺对饲料蛋白质需要量的研究 [J]．厦门大学学报（自然科学版），45（1）：216-220.

杨蕊，吴开畅，于刚，等，2019. 养殖模式对方斑东风螺生长及主要环境因子的影响 [J]．水产科学，38（5）610-615.

杨莺莺，李卓佳，贾晓平，等，2003. 水质净化作用菌光合细菌 PS2 的生物学特性及环境因子对其生长的影响 [J]．上海水产大学学报，12（4）：293-297.

郑冠雄，邢贻远，庄福河，2005. 方斑东风螺水泥池养殖试验 [J]．渔业现代化，6：31-32.

钟春雨，张锡佳，曲于红，等，2005. 泥东风螺的人工育苗及养成技术 [J]．齐鲁渔业，22（6）：5-6.

Lin Y C，Chen J C，2001. Acute to xicity of ammonia on *Litopenaeus vannamei* Boone juveniles at different salinity levels [J]．Journal of Experimental Marine Biology and Ecology，259（1）：109-119.

Yang Y，Chai Z，Wang Q，et al.，2015. Cultivation of seaweed *Gracilaria* in Chinese coastal waters and its contribution to environmental improvements [J]．Algal Research（9）：236-244.

第九章

病害防治

东风螺自 21 世纪初在我国南方沿海试养获得成功以来，产业发展迅速，并获得了可观的经济效益。然而，伴随着产业的发展，各种养殖病害也逐年增加。如发生在幼体阶段的固着类纤毛虫病，发生在养成阶段的单孢子虫病、吻管水肿病、翻背症、壳肉分离症。2005—2006 年有 20％ 以上的东风螺养殖场发生养殖病害，部分养殖场甚至绝收，造成经济损失达数千万元。养殖病害已成为我国南方沿海省份东风螺养殖业发展的瓶颈。

第一节　原虫性疾病

一、固着类纤毛虫病

近年来，东风螺人工育苗技术取得了突破，每年培育大量的苗种以满足养殖生产的需求。在东风螺规模化人工育苗中，由于幼虫密度大，单胞藻远远不能满足生产的需求。而人工饵料的广泛应用，致使育苗池有机颗粒增加，水质恶化，适宜纤毛虫大量繁殖。少量寄生纤毛虫，对东风螺幼虫影响不大，大量寄生时，影响幼虫的活动和摄食，阻碍幼虫的生长、发育，严重时可造成育苗的失败。

（一）病原

固着类纤毛虫病的病原种类很多，常见的为钟形虫、单缩虫、聚缩虫、累枝虫。单缩虫、聚缩虫、累枝虫都是群体生活，柄呈树枝状分支。聚缩虫伸缩时整个群体一致伸缩；单缩虫群体中各个体单独伸缩；累枝虫不能伸缩。钟形虫"漏斗形"，不成群体，伸缩时柄呈弹簧状，繁殖方式为纵二分裂法，条件适宜时繁殖速度很快。

（二）病因

东风螺人工育苗的最佳饵料是金藻、绿藻、硅藻等单胞藻类，但是在生产过程中，由于单胞藻培育受种种条件的限制不能满足大规模生产需求，往往以人工饵料如螺旋藻粉、虾片等代替单胞藻类。人工饵料的投喂易造成育苗水体中有机物增多，残饵沉积池底，形成纤毛虫适宜繁殖环境，换水时（特别是较低盐度的海水）受新鲜海水的刺激，纤毛虫大量繁殖。水中有机物既为纤毛虫提供了食料又提供了附着基，当育苗池中纤毛虫越来越多时，其附着在东风螺幼虫的外壳、足部、面盘上，引起幼虫纤毛虫病的暴发。

（三）症状

东风螺幼虫纤毛虫病多发生在投饵第 10 天前后。纤毛虫少量附着时肉眼看不出症状，对幼虫影响不大。大量附着时，用烧杯带水盛装患病幼虫，对光观察，可见患病幼虫体表有一层乳白色绒毛，呈放射状。幼虫游动缓慢，在水体中下层浮游，摄食困难，严重者停止摄食和发育，最终死亡。镜检时可见东风螺幼虫外壳、足部、面盘附生着大量纤毛虫，纤毛虫活动灵敏，严重影响幼虫面盘纤毛的摆动。纤毛虫的附生对东风螺幼虫并不形成组织的损伤，但面盘是浮游幼虫的活动和摄食器官，足部是变态前幼虫的匍匐爬行器官，大量的纤毛虫附生，严重妨碍浮游幼虫和变态前幼虫的活动和摄食，影响其生长发育和变态。此外，幼虫体质变弱，免疫力降低，容易引发其他疾病。

（四）预防方法

针对纤毛虫病产生的原因和纤毛虫的生活习性，采用下面的方法预防：

①东风螺育苗过程中尽量采用单胞藻类作为幼虫的饵料，减少人工饵料的投喂。

②若用人工饵料，应加大换水量，以保证水质的清新和降低有机质。

③减少病原体的感染途径：a. 亲螺、卵囊采用 $500mL/m^3$ 的福尔马林浸泡 3min。b. 育苗用水经沉淀后沙滤。c. 育苗池和育苗用具严格消毒。

④育苗用水保证一定的盐度，既要满足幼虫生长的需要，又要不利于纤毛虫的繁殖。

⑤充气均匀，气石布置合理，因静水利于纤毛虫的附着。

⑥每 2d 使用一次高锰酸钾 $0.1g/m^3$ 全池泼洒，提高育苗水体氧化还原电位，降解有机质，抑制纤毛虫的繁殖。

（五）治疗方法

镜检发现有少量虫体附着于幼虫外壳壳顶，足部、面盘没有附着，肉眼无法辨认时可定为轻度感染。轻度感染对东风螺幼虫生长发育、摄食、活动影响不大，可用高锰酸钾 $0.1g/m^3$ 全池泼洒，每天 3 次，连续 2d。同时加大换水量，停止投喂人工饵料，改投单胞藻，可获良好效果。镜检发现有虫体附着于幼虫外壳、足部、面盘，肉眼可见幼虫体表有一层绒毛状物时可定为重度感染。重度感染一般伴随水质恶化，东风螺活力差、体弱，若不及时治疗，往往造成幼虫下沉死亡。具体治疗方法是：消毒一个空池，加满新鲜海水并调好适宜的充气量；将整个患病池停止充气，光诱幼虫上浮；用 80 目筛绢网将患病幼虫捞起，置于 $350mL/m^3$ 的福尔马林中浸泡 1min 后，移至加满新鲜海水的池中；患病幼虫全部沉在池底，2h 左右逐渐上浮，24h 后纤毛虫脱落死亡；经此法处理不影响幼虫生长发育和变态，可获得理想的治疗效果。

郑养福（2007）报道，在 6 个小水箱中，每箱放 100 只患聚缩虫病的幼虫，试验"百虫杀"（浓戊二醛溶液）的治疗效果，设 5 个不同浓度组和 1 个对照组，试验期间日常管理各箱相同，每日换水一次，换水量为 80%，每日投入藻类一次。用药 3d，结果见表 9-1。从实验数据分析，成活率最高的是 3 号箱，之后依次是 2 号、4 号、1 号、6 号箱。在第一天用药后，通过对幼体进行镜检，5 号箱聚缩虫对 1.6mg/L 浓度的浓戊二醛反应较为敏感，虫体大部分脱落，但用药过量，幼体同时也受到伤害，用药 3d 后，成活率只有 9%。浓度为 0.8mg/L 的 1 号箱，幼体的成活率比没有用药的 6 号箱对照组高约 10%。初步认为 0.8mg/L 浓度的"百虫杀"具有抑制病原体的作用，可作为平时进行预防的用药量。对 1.2mg/L 浓度的 3 号箱和 1.0mg/L 浓度的 2 号箱的幼体进行观察，同样有部分钟形物粒脱落，用药 3d 后，幼体活力好，大部分恢复正常。使用"百虫杀"治疗聚缩虫病见效明显，其最适的浓度应为 1.2mg/L，其次是 1.0mg/L。

表 9-1 不同浓度"百虫杀"治疗方斑东风螺幼虫的效果

箱号	浓度（mg/L）	幼虫（个）	用药后幼虫数（个）			成活率（%）
			1d	2d	3d	
1	0.8	100	87	56	38	38
2	1.0	100	93	84	69	69
3	1.2	100	96	90	86	86
4	1.4	100	87	66	50	50
5	1.6	100	67	32	9	9
6	0	100	82	48	29	29

二、单孢子虫病

单孢子虫病是由单细胞的原生动物单孢子虫感染无脊椎动物导致的疾病。方斑东风螺养殖过程中发现，部分螺体色不变，但行动缓慢，对外界刺激不敏感，腹足伸缩无力，甚至足部朝上呈假死状，部分组织有水肿，生长发育缓慢，彭景书等（2011）通过病理和组织切片研究发现，是单孢子虫感染所致。

（一）病原

病原体为单孢子虫一新种，据其宿主特命名为方斑东风螺单孢子虫（*Haplosporidium babyloniae* sp. nov.）。单孢子虫是单孢子亚纲（Haplosporea）原生动物，无脊椎动物及低等脊椎动物的内寄生虫。代表属是寄生于鱼体的鱼孢子虫属（*Ichthyosporidium*）、寄生于蟑螂中的腔肠孢子虫属（*Coelosporidium*）及寄生在环节动物和其他无脊椎动物中的典型属单孢子虫属（*Haplosporidium*）。单孢子虫呈阿米巴状，具 1 个或多个核。单核类型者（如单孢子虫属）核会反复分裂，从而发育成一个多核原生质体。后胞质分裂形成单核体，再发育成孢子，传递至新宿主。孢子无极丝，包以一层坚韧的膜，膜可延续成一尾状突起。有些孢子在一端有盖。单孢子虫主要感染贝类的结缔组织、鳃和消化腺上皮细胞，严重时影响贝类的正常代谢、摄食和生殖能力。目前，除了方斑东风螺单孢子虫病外，单孢子虫还是牡蛎的一大病原，已经报道了牡蛎的几种单孢子虫病害。

（二）流行规律

方斑东风螺单孢子虫病的发病季节一般在每年的 4—10 月，流行季节为 8—9 月，水温 20~28℃，盐度 20~30。在非流行季节，此病的潜伏期很长，一般为 6~10 个月。感染率可达 63%。发病期主要集中在种苗和成螺生产阶段。

（三）防治方法

方斑东风螺单孢子虫寄生于螺体内，主要侵害东风螺的吻管、足肌、肠、消化腺外胃壁、鳃、肝等组织，严重影响寄主的正常代谢、摄食和生殖能力。但由于其孢子结构简单，无极丝和极囊；加上其潜伏期较长，往往被人们忽视。当养殖水质好时不易发病，水质差时则易导致流行病暴发；会引起病灶组织细胞崩解，甚至引起全身感染、肌肉融化解体，严重影响东风螺产业化的进程。方斑东风螺单孢子虫病至今无有效的治疗办法。

为控制该病的蔓延，建议采取如下措施：

（1）产地检疫　引进和移植亲本、受精卵、幼体及放养的苗种要严格检疫，发现疫情，进行隔离养殖或彻底销毁，切断传播途径。

（2）螺池消毒　每亩用生石灰 100～150 kg 对带水池塘进行消毒，或每亩用生石灰 50～60 kg 干池消毒；或放苗前用 10～20mg/L 浓度高锰酸钾溶液或有效氯含量 5～10mg/L 的漂白粉对水泥池等养殖设施进行消毒，冲洗干净后注入过滤海水。

（3）螺体消毒　螺体消毒是投苗前的一项重要工作，是防病及提高养殖成活率的有效措施。常用的消毒药物有食盐水和高锰酸钾等。浸洗时间视螺体大小、体质强弱、药物种类、浓度、水温高低灵活掌握。

（4）饲料消毒　病原往往能经饲料传播给东风螺，投放的饲料要新鲜、清洁并经过消毒。野杂鱼、冰鲜鱼要低温冷冻后再使用，可有效控制寄生虫。

（5）工具消毒　养螺用的各种工具需严格消毒后再使用。一般网具可用 5～10mg/L 硫酸铜溶液浸洗 20min，晒干后再使用；木制工具可用 5%漂白粉溶液消毒处理后，在清水中洗净再使用。避免将病原体从一个螺池带到另一个螺池而造成交叉感染。

（6）提高螺体抵抗力　疾病的发生往往是内因和外因失调的结果。在实践中，要消灭一切病原体是不可能的，应从提高螺体抵抗力入手，合理混养和密养，投喂遵循"四定"原则。

（7）加强水质管理　勤换水或投放有益微生物，保持清新而稳定的生态环境。

第二节　细菌性疾病

细菌性疾病是由细菌引起的疾病的统称。海洋生物和陆生生物均可罹患细菌性疾病。就东风螺而言，目前报道的有吻管水肿（黄郁葱等，2009）、肿吻症（张新中等，2010）、翻背症（赵旺等，2016）等。

一、吻管水肿

病螺侧卧或倒翻在养殖池的沙面上而不潜入沙底，吻管一部分异常肿大呈气球状，吻管内充满白色液体，吻管伸出体外无法收缩回壳内。腹足部分伸在外面，对外界的刺激不敏感，伸缩无力，严重时腹足也肿大。体表有大量黏液，导致养殖池的水体浑浊。该病发病时间短、传播速度快、死亡率高，在 3～5 d 死亡率可高达 60%～90%。

（一）病原

黄郁葱等（2009）从患病方斑东风螺的血淋巴、肌肉、吻和消化腺共分离到一株优势细菌，命名为 Balo001。Balo001 在血淋巴中约占 90%，在肌肉中约占 95%，在吻中约占 80%，在消化腺中约占 75%。在 TSA 培养基上 28 ℃培养 24 h 的菌落呈淡黄色，圆形，边缘规则整齐，微凸，表面光滑，不透明，湿润，直径 1.5～2.5 mm。在 TCBS 培养基上菌落呈黄色，圆形，边缘规则，中央微凸，不透明，湿润，直径 2.0～3.5 mm。革兰氏染色阴性，短杆状，水浸片检查和半固体穿刺培养发现 Balo001 菌具有一定运动能力。

测定 Balo001 菌株生理生化特性，Biolog Micro Station System3450 软件分析。结果表明，Balo001 菌株跟哈维氏弧菌（*Vibrio harveyi*）的相似性高达 99%，同时具有最高的相似度为 0.791（最大相似度为 1.000）。在该鉴定系统中，相似度＞0.5 则结果较为可信。检索《常见细菌系统鉴定手册》和《伯杰氏细菌鉴定手册》（第九版），并结合 Biolog 系统的鉴定结果，将 Balo001 菌鉴定为哈维氏弧菌。

从系统发育树分析，该菌 HSP60 部分序列长度为 611 bp。经过同源性比较发现，菌株 Balo001 与哈维氏弧菌的序列同源性高达 99%。根据菌株 Balo001 的 HSP60 序列与相关属种 HSP60 序列构建的系统发育树，可见菌株 Balo001 与哈维氏弧菌自然聚为一支，可将其鉴定为哈维氏弧菌。

（二）流行规律

该病可常年在东风螺养殖地区广东、广西、海南和福建流行，在季节变换的 10—12 月和翌年 3—5 月发病最为严重，对东风螺养殖业危害甚大。

（三）防治方法

弧菌是海洋环境中最常见的细菌类群之一，广泛分布于近岸、河口海区的海水和生物体中，其致病性受宿主的生理状态及水质环境条件等综合因素的影响较大，是一类条件致病菌。近年来，由于养殖水域生态变化，弧菌已成为海水养殖动物的主要病原菌之一。迄今作为海水养殖动物弧菌病病原菌已被报道过的有 20 多种。危害的对象包括鱼类、甲壳类、贝类，几乎囊括了所有海水养殖种类。因此，该类疾病一直备受国内外研究者的关注，是海水养殖动物病害的主要研究领域之一。对于海水养殖动物弧菌病的防治研究，国内外已有较多报道。另外，各国学者在传统方法的基础上也纷纷探讨了新技术、新方法的防治效果，但大多数报道仅局限于对病原菌的药敏试验，很少有进一步的研究，而且，药物的作用仅仅在于控制病原体这个环节上，对养殖生物抗病力的改善及环境调节方面的作用非常有限。

药物敏感性试验结果表明，Balo001 菌株对青霉素 G、阿莫西林、氨苄青霉素和多黏菌素 B 有抗性；对庆大霉素、四环素、红霉素、利福平、链霉素、先锋 V、卡那霉素、呋喃唑酮和新生霉素中度敏感；对诺氟沙星、恩诺沙星、复方新诺明和氟苯尼考等高度敏感。东风螺养殖过程中，如需使用药物防治弧菌，应选用已批准的水产养殖用兽药。

利用生态防治方法来控制水产动物弧菌病，其原理是利用同一生态系统中的不同微生物之间的相互作用和生物间的营养竞争，如一些细菌和其他微生物可在环境中分泌抗生素，能很快杀死其他微生物；有的细菌则产生细菌素，杀死与其亲缘关系相近的种；也有的在微生态系统中通过营养竞争来抑制致病性弧菌的大量繁殖，达到防治弧菌病的目的。黄美珍（1999）研究了 5 株光合细菌对 3 株致病弧菌的抑制作用，发现在普通细菌培养基中，球形红假单胞菌（*Rhodobacter sphaeroides*）对弧菌的抑制效果较好，尤其对副溶血弧菌和河弧菌的生长有直接的抑制作用。从生态效益、经济效益和社会效益来分析，生态防治可大幅减少治病过程中抗生素、杀虫剂等药物的用量，保护了生态环境，同时降低了防治的费用，减少了病原微生物抗药性的产生，增强了治病的效果。

在东风螺养殖池中混养海参和江蓠，可有效降低吻管水肿的发病率。

二、肿吻症

健康方斑东风螺的吻细长，呈乳白色，可自由伸缩，反应灵敏；腹足呈乳白色至沙黄色，将其身体翻转后能很快复原。而患肿吻症方斑东风螺的吻异常肿大，呈乳白色，局部变红，肿大的吻无法缩回吻鞘，腹足变为灰色，且黏液增多，行动缓慢，反应迟钝。患病严重的个体身体翻转后无法自身复原，腹足也无法缩入壳内（彩图12）。患病个体还因吻部病变直接造成无法摄食。该病发病时间短、传播速度快、死亡率高，从出现症状到死亡只要 2～3 d 时间，如果控制不及时，死亡率可高达 100％。

（一）病原

张新中等（2010）取具有典型肿吻症状的方斑东风螺，于超净工作台以无菌操作，分别从肌肉、吻和肝脏等部位取样。直接于 2216 E 海水培养基划线分离，30 ℃培养 18～24 h，根据所分离细菌的菌落形态挑取优势菌株。再用 2216 E 海水培养基进一步纯化后用于各项实验。需要长期保存的菌株，经分离纯化后接种于含 2％ NaCl 的液体培养基中，30 ℃培养 18～24 h。再添加 15％的无菌甘油，保存于－80 ℃冰箱。分离获得的优势菌株以普通海水液体培养基进行扩大培养，经离心分离后用无菌生理盐水制备细菌密度为 9.2×10^{12} CFU/mL 的菌溶液。将所制备的菌液定量加入装有清洁海水（经沙滤）的水族箱内，使海水中的菌液的最终密度分别为 4.6×10^9、4.6×10^8、4.6×10^7、4.6×10^6、4.6×10^5 CFU/mL，对照组不加入菌液。选择健康无患病史的方斑东风螺，在其腹足边裙处用无菌刀片划一长为 0.5 cm、深为 0.1 cm 的伤口，并将人工创伤后的方斑东风螺分别置于上述不同密度菌液的海水中，每组 20 只，正常投喂，每 2d 全量换水 1次，换水后再将各水族箱中菌液的密度调整为最初添加的密度。每组设一个重复，创伤浸泡感染后连续 15 d 观察记录各组实验方斑东风螺的发病及死亡情况。选择感染患病的实验方斑东风螺，从肌肉、吻和肝脏等部位再次进行细菌分离，根据感染后的患病症状和感染患病个体的细菌分离结果等确定引起该病的病原菌。

将从患病方斑东风螺中分离获得的主要菌株 DFL-01 和 DFL-02 以不同密度分别对健康方斑东风螺进行创伤浸泡感染后，连续 15 d 对感染东风螺的观察结果表明：菌株 DFL-01 的密度达到 4.6×10^6 CFU/mL 时，东风螺开始有零星死亡；密度达到 4.6×10^7 CFU/mL 时，死亡率达到 55％，并且，15 d 内未死亡的个体也基本都出现不同程度的肿吻症症状；当菌浓度达到 4.6×10^8 CFU/mL 后，第 3 天方斑东风螺开始出现异常，第 5天部分个体开始表现出典型的肿吻症症状，第 7 天开始死亡，第 10 天死亡率达到 100％。对于菌株 DFL-02 而言，在本实验的最高感染密度 4.6×10^9 CFU/mL 下，实验方斑东风螺的死亡率也只有 5％，并且死亡个体也没有吻肿大等典型的肿吻症症状。

对以菌株 DFL-01 感染患病的方斑东风螺再次从肌肉和肝脏等部位进行细菌分离的结果表明，在肌肉和肝脏中分离出大量的细菌，所分离细菌的菌落形态一致，且与从自然患病方斑东风螺中分离出的菌株 DFL-01 的菌落形态相同，说明 DFL-01 菌株为东风螺的致病菌。对该菌株进行菌种鉴定的结果表明，DFL-01 为鳗弧菌变种。梁健等（2016）报道方斑东风螺肿吻症病原菌为弗尼斯弧菌（*Vibrio furnissii*）。

（二）流行规律

在海南，该病全年均可发生，其中以气温和水温快速升高的 3—5 月发生最为频繁，对海南各地方斑东风螺的养殖都造成严重的损害。

（三）防治方法

弧菌是海洋环境中最常见的细菌类群之一，广布于河口、海区以及海洋生物体中。弧菌是广泛存在的条件致病菌，是一种革兰氏阴性菌，短小弯曲弧状，无芽孢，多数有鞭毛、有菌毛。弧菌是需氧兼性厌氧菌，所以越脏的水体越容易形成弧菌优势超标。有机物、死藻沉积越多，越利于弧菌繁殖。所以防治弧菌的前提应该是：降低水体富营养化程度，调整好水质环境，减少弧菌繁殖。在东风螺养殖池中投入体重 100g 左右的玉足海参 2～3 尾/m²，可有效减少沙层有机碎屑和东风螺排泄物，减少弧菌繁殖。

由于方斑东风螺具有同类相残的习性，经常可见健康的个体吃食体弱的个体或死亡的个体。在健康方斑东风螺的水族箱内投喂患肿吻症的方斑东风螺后，从第 3 天开始整个水族箱内的方斑东风螺陆续发生肿吻病并在 10 d 内全部死亡，说明该病可以经口传播，并且，这也很可能是在方斑东风螺养殖中肿吻症发生后快速传播并造成毁灭性死亡的主要原因之一。因此，在方斑东风螺养殖中一旦发现肿吻症，建议尽快捞出患病个体，并尽可能做好池与池之间的隔离措施，避免该病的暴发与蔓延。

药敏试验表明，只有哌拉西林、罗红霉素、红霉素、林可霉素、诺氟沙星、头孢哌酮、妥布霉素、头孢曲松钠、复方新诺明、利福平、头孢他啶、呋喃妥因等 12 种药物对本病原菌敏感，可见该病原菌已具有较高的耐药性。因此，对有效治疗药物的正确选择是十分必要的，无根据地滥用或过度使用抗菌药物，不但不能起到防病治病的作用，反而造成养殖环境微生物自然区系平衡的破坏，以及环境中耐药性菌株的增多。

梁健等（2016）报道，头孢菌素等对方斑东风螺肿吻症菌株有较强抑制作用（表 9 - 2）。

表 9 - 2　不同药物对方斑东风螺肿吻症菌株抑制效果

药物	抑菌圈大小（cm）		抑菌作用	
	A 菌株平均值	B 菌株平均值	A 菌株	B 菌株
头孢菌素	1.64	1.68	高敏	高敏
环丙沙星	1.35	1.33	中敏	中敏
庆大霉素	1.28	1.28	中敏	中敏
新霉素	1.27	1.27	中敏	中敏
氨苄西林	—	—	耐药	耐药
林可霉素	—	—	耐药	耐药
萘啶酸	—	—	耐药	耐药
磺胺嘧啶	—	—	耐药	耐药

已有的研究表明，二氧化氯、碘、大蒜素都对弧菌有非常好的杀灭效果。东风螺养殖过程中，经常用上述药物消毒用具、通道、水池，对预防肿吻症是必不可少的。

一旦暴发肿吻症，建议采取以下措施：加强水体消毒；尽快以质量浓度为 1～2mg/L 的溴氯海因消毒剂进行水体消毒，每天进行 1～2 次，连续消毒 7d 左右，待连续 2d 养成池中没有发现病贝再停止；方斑东风螺肿吻症具有很强的传染性，必须采取严格的隔离措施。

三、翻背症

方斑东风螺翻背症（赵旺等，2016）又叫急性死亡症（王江勇等，2013）。正常东风螺在投饵时爬出沙面摄食，其余时间昼伏夜出，白天潜伏在沙里，少数在沙面上爬行，伸出触角，对外界刺激敏感。人为把它腹足朝上颠倒后置于沙面，能通过足肌旋转迅速翻转。翻背症病螺活力很差，体表黏液减少；背腹面颠倒，壳口朝上，不能自行翻转；足肌伸缩无力，对刺激不敏感；足部边缘收缩呈波纹状，部分病螺腹足因表面积累异物呈黑色。（彩图 13）。

（一）病原

将翻背症方斑东风螺组织匀浆液稀释涂布于琼脂培养基、脑心浸液琼脂培养基和硫代硫酸盐-柠檬酸盐-胆盐-蔗糖琼脂培养基上，分别分离到 3 株优势菌 F1、F2 和 F3，其中 F1 含量占平板总细菌量的 85%，F2 为 80%，F3 超过 80%。这 3 株菌在营养琼脂平板上表现出相同的特点：淡黄色、圆形、不透明、边缘光滑、湿润、直径 2~3mm；在脑心浸液琼脂培养基上菌落呈现灰白色、圆形、不透明、边缘光滑、湿润、直径 1.5~3mm；在硫代硫酸盐-柠檬酸盐-胆盐-蔗糖培养平板上菌落呈现黄色、圆形、不透明、边缘光滑、湿润、直径 1.5~3mm。优势菌 F1、F2 和 F3 分别人工感染后，东风螺均出现与翻背症相同的症状。

菌株 F1、F2、F3 及人工感染后分离的优势菌株经 PCR 扩增 16S rDNA 获得大小约 1 500bp 的片段。产物测序、比对后显示，3 株优势菌及人工感染后分离的优势菌株与哈维氏弧菌（*Vibrio harveyi*）相似度高于 99%，可确定病原菌为哈维氏弧菌。

（二）流行规律

在海南，该病全年均可发生，其中以气温和水温快速升高的 3—7 月发生最为频繁，对海南各地方斑东风螺的养殖都造成严重的损害。

（三）防治方法

病原菌的药敏试验结果显示，病原菌对土霉素、复方新诺明、恩诺沙星、诺氟沙星、氧氟沙星、四环素等敏感；对卡那霉素、利福平、新霉素、庆大霉素等中度敏感；对头孢氨苄、阿莫西林、青霉素等表现为耐药。患翻背症方斑东风螺药浴的每日存活率分析显示，各试验组每日存活率曲线呈现先急剧下降后逐渐平缓的变化趋势（图 9-1）。前 3d，药物治疗组和对照组存活率下降都很快，说明发生翻背症的东风螺死亡率高且死亡迅速；药物治疗组 3d 后的存活率不到 60%，而未采取任何药物治疗措施的对照组存活率约 30%。可见若未及时采取治疗措施，将造成巨大的损失。另外，对照组与大部分药物治疗组在第 1 天存活率就存在较大差别，大部分药物治疗组第 1 天存活率约 70%，而对照组存活率仅为 55.2%。说明这些药物有一定的治疗效果，并且用药越早越好。从各组的最终存活率结果可知，对照组东风螺的平均存活率不到 20%，呋喃西林和诺氟沙星治疗的存活率显著高于对照组（$P<0.05$），且不同药物质量浓度的治疗效果存在差异，其中以 2mg/L 诺氟沙星和 3mg/L 呋喃西林效果最佳，平均存活率约 40%，两者治疗的最终存活

率无明显差异（$P>0.05$），而复方磺胺甲噁唑片和苯扎溴铵效果稍差，平均存活率低于35%。

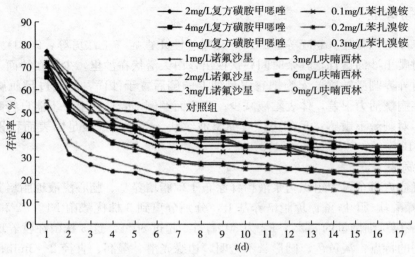

图9-1　翻背症东风螺药浴试验各组的每日存活率变化

诺氟沙星是停止使用的渔药，呋喃类是禁止使用的药品，可以考虑利用生态防治方法来控制水产动物弧菌病。

在东风螺养殖池中投放光合细菌，混养海参和江蓠，可有效降低翻背症的发病率。光合细菌和弧菌竞争营养盐，抑制弧菌繁殖；海参充分摄食有机颗粒，创造不利于弧菌繁殖的环境；江蓠充分利用无机盐和二氧化碳，创造有利于东风螺健康生长的环境，从而起到预防弧菌的作用。

第三节　其他疾病

一、肉壳分离症

肉壳分离症，顾名思义，东风螺内脏团脱离螺壳，但仍能作爬行、攀池壁等运动，最终死亡。在方斑东风螺养殖中，肉壳分离症的危害很严重。王国福等（2008）报道，该病始见于2002年，2004年以后发病规模逐年扩大，由此造成的经济损失约占全部养殖病害经济损失的60%以上。在实际生产中，尽管该病不会在短时间内造成池内东风螺全部死亡，但由于发病时间长，难以治愈，对养殖生产影响极大。

（一）病原

罗杰等（2004）报道，在东风螺养殖一段时间后要清洗底沙，残饵要及时清理，防止腐败变质，影响水质。据笔者试验，方斑东风螺养殖的适宜温度在24～32℃，它对高温耐力较差，水温高于35℃时，螺体容易产生跑肉现象（整个软体部离开贝壳作缓慢移动，短时间内不会死亡），底质恶化也会出现这种现象。在盛夏高温季节，要注意遮光，若在高位池和海区沙滩养殖，可用黑色遮阳布把高位池塘和沙滩部分遮盖起来，给东风螺营造一个较阴凉的环境。

近年各地进行方斑东风螺育苗和养成试验最主要的难题是脱壳（肉壳分离），从稚幼螺到亲螺均有发生，尤以稚幼螺多发。笔者认为，导致脱壳的原因可能有光照刺激、激烈搅动或水流强烈冲击、桡足类或小沙蚕钻入壳内（较大个体的亲螺）等。迄今为止，有关方斑东风螺肉壳分离症发病机理的研究报道尚不多见。王国福等（2008）从病原微生物角度对患病螺进行了病毒和细菌的分离培养，结果并未分离到病毒；细菌分离培养鉴定为弧菌，但分离获得的弧菌用于人工感染健康螺，未见感染症状。表明病毒和弧菌并不是方斑东风螺肉壳分离症的原发性诱因。在患病螺池中使用诺氟沙星、氟苯尼考等抗生素对抑制病害发生无明显作用。生产性试验中使用属于医用外伤消毒剂的聚维酮碘，则对减缓病害暴发进程有一定作用，间接证明病毒和弧菌不是肉壳分离症的诱因。

为探明方斑东风螺肉壳分离症的原发性病因，王建钢等（2011）对方斑东风螺在培育池内的培育时间、池内桡足类的消长与稚、幼螺肉壳分离病发病情况相关性进行了统计分析。对病螺螺肉进行镜检，发现当东风螺培育池内的桡足类达到一定数量后，桡足类有争食池内饵料和攻击稚、幼螺的现象，幼螺的头部、肌体部位均有不同程度的溃疡性病变。在为期 8 个月的方斑东风螺稚、幼螺培育期间，检测到桡足类的数量随着培育时间的延长而增加，并与稚、幼螺肉壳分离症的发病率密切相关。在水温 30～32.2℃、海水相对密度 1.021 的自然条件下，试验期间培育池中桡足类的数量与方斑东风螺稚、幼螺肉壳分离症的发病情况见表 9-3。由此推测方斑东风螺肉壳分离症可能与混杂在培育池中的桡足类的数量有关。

表 9-3　东风螺培育时间、桡足类数量与肉壳分离症的发病情况

培育时间（d）	桡足类数量（个/m³）	肉壳分离率（%）
7	372	0
10	725	7.6
15	1 368	18.2
20	3 144	37.5
25	6 523	52.0
30	8 796	72.8

（二）流行规律

肉壳分离症自 2002 年开始，就在海南的东风螺养殖场流行，全年都可发生，稚螺、幼螺、成螺均会患病。如果处理不及时，死亡率超过 50%。

（三）防治方法

在方斑东风螺稚、幼螺中间培育过程中，若发现方斑东风螺稚、幼螺中间培育池水体中敌害生物桡足类数量增加，或已有壳肉分离症发生，可使用 95% 晶体敌百虫进行防治。具体方法是：用药前先停止投饵、流水，但保持充气，使用 95% 晶体敌百虫 1.5mg/L 进行全池泼洒，3 h 后停止充气 2 h，再排干池水，然后注入新鲜过滤海水并打开充气阀，进行正常的流水养殖。12 h 后再用 1～2mg/L 的百炎净或氟苯尼考进行全池泼洒，连续使用 3 d，即可有效地防止方斑东风螺稚、幼螺肉壳分离症的发生，以及对肉壳分离症起到有效的治疗作用。

桡足类，隶属于节肢动物门、甲壳纲、桡足亚纲，为小型甲壳动物，体长＜3mm，营浮游与寄生生活，分布于海洋、淡水或半咸水中。桡足类活动迅速、世代周期相对较长，在水产养殖上的饵料意义不如轮虫和枝角类，但也可作为水产养殖中幼体的饵料。在东风螺养殖池中混养南美白对虾幼虾（体长 5cm），投放密度 2 尾/m²，可控制桡足类的数量，从而预防肉壳分离症。

在高温季节，给东风螺养殖池架设遮阳网，防止太阳直晒导致水温过高，或加大换水量控制水温；控制投饵数量；降低养殖密度；减少水体有机物含量；利用光合细菌等微生物控制水体富营养化；养殖过程中，勤洗水池，定期消毒。这些措施对预防肉壳分离有好处。

二、天敌

（一）老鼠

老鼠非常灵活，善于攀爬，能够在树木或电线上快速爬行，爪子弯曲成特殊的弧度，因而可以攀爬近乎垂直的表面，也能在东风螺养殖池面爬行。老鼠的食性很杂，爱吃的东西很多，但最爱吃的是谷物类、瓜子、花生和油炸食品，能捕食攀爬到靠近水池顶部的东风螺。老鼠常出没于下水道、厕所、厨房、杂物堆、垃圾堆放处等处。预防方法：可在老鼠经常出没的地方投放捕鼠夹、捕鼠笼、粘鼠胶等方法捕杀；也可在水池上方粘贴海绵阻隔带，防止东风螺攀爬到水池顶部；还可以养狗、猫等驱赶老鼠。

（二）食螺鸟类

海鸥、白鹭等会捕食爬出沙面的东风螺。在岸基水泥池东风螺养殖中，铺设遮阳网，可阻挡鸟类捕食东风螺。但在池塘或滩涂养殖东风螺，遇到鸟类捕食时，只能用鞭炮或人工加以驱赶。

（三）浒苔

浒苔（*Enteromorpha*），亦称苔条、苔菜，隶属于绿藻纲、石莼目、石莼科。藻体鲜绿色，由单层细胞组成，围成管状或粘连为带状。细胞排列与种有关，单核，淀粉核一至多个。色素体片状，1 个。单条或分支，株高可达 1m。基部由假根丝组成盘状固着器。无性或有性生殖，配子可营养性生殖，生活史为孢子体和配子体同形世代交替。管状膜质，丛生，主枝明显，分枝细长，高可达 1m。基部以固着器附着在岩石上，生长在中潮带滩涂、石砾上。在东风螺滩涂养殖或池塘养殖中成为天敌。

浒苔藻体直立，管状中空或者至少在藻体的柄部和藻体边缘部分呈中空，管状部分由单层细胞组成。藻体单条或者有分枝，圆柱形，有时部分扁压。营养繁殖时，藻体断裂形成新藻体。无性生殖是形成顶端有 4 条鞭毛的游动孢子。有性生殖为同配或者异配。

单细胞藻类个头小，表面积大，所以吸收养分快，又因为它们很容易死亡或被动物吃掉，所以一旦有合适的条件，它们就会以惊人的速度不停地繁殖。大量繁殖的藻华生物不仅会堵塞养殖动物的呼吸器官，致其死亡，而且会遮蔽射入水体的阳光，使固着在水底的其他藻类因缺少阳光而死去；有的藻华生物还会释放毒素，并在鱼和贝类中积累，水鸟或人类在摄食这些鱼和贝类之后便会中毒；藻华生物本身死亡之后还会腐烂分解，从而大量消耗水中的氧气，从而彻底让它暴发的水域成为"死水一潭"。

浒苔本身虽然无毒，但是和赤潮一样，大量繁殖的浒苔也能遮蔽阳光，影响海底藻类的生长；死亡的浒苔也会消耗海水中的氧气；还有研究表明，浒苔分泌的化学物质很可能还会对其他海洋生物造成不利影响。浒苔暴发还会严重影响景观，干扰旅游观光和水上运动的进行。国外已经把浒苔一类的大型绿藻暴发称为"绿潮"，视作和赤潮一样的海洋灾害。

好在浒苔暴发的治理相对比较容易，只要持续不断地打捞，等到水中的营养元素消耗得差不多了，绿潮自然会逐渐消退。相比之下，赤潮的治理就困难多了。正因为有这个好处，科学家们反而希望大型绿藻能够多多繁衍，抑制赤潮的发生，只要在绿潮暴发前能及时打捞掉一部分就行了。当然，最有效的治理办法是不要让海水富营养化，从根本上断绝赤潮或绿潮发生的人为因素——不过，这可是环保工作的一大难点。

从 2008 年 6 月中旬开始，大量浒苔从黄海中部海域漂移至青岛附近海域，青岛近海海域及沿岸遭遇了突如其来、历史罕见的浒苔自然灾害。青岛是 2008 年夏季奥运会帆船比赛场地，浒苔曾一度对帆船运动员海上训练造成影响，截至 7 月 5 日，青岛清理浒苔 40 多万 t，到 7 月 15 日，清除浒苔 100 多万 t，青岛奥帆中心比赛水域和青岛沿岸浒苔基本清理完毕。

第四节 病害预防原则

东风螺养殖过程中，可能会发生病害。在养殖池中投放光合细菌、海参、大型藻类，可以改善环境，降低发病率，但不代表不会发生病害。从以下几方面入手，可减少病害发生，提高养殖效益。

一、增强东风螺抗病力

（一）培育健壮的苗种

东风螺幼虫和稚螺的抗病力低于成螺，在东风螺育苗过程中，优质的饵料与合理的放养密度，有利于幼虫的健康生长，增强东风螺对疾病的抵抗力。这是健康养殖的基本要求。

（二）设置合理的养殖密度

东风螺养殖过程中，切勿盲目追求"高密度、高产量"。设置合理的养殖密度，可以减少养殖过程中自身排泄物的污染，维持良好的水质环境，减少养殖沙层发黑、发臭现象，抑制病原菌的繁殖，降低患病风险。合理的养殖密度，有利于东风螺摄食，加快生长速度，缩短养殖周期，提高养殖效益。

（三）定期投喂药饵

在东风螺养殖过程中，定期投喂药饵可增强东风螺免疫力，提高抗病能力。把小杂鱼粉碎成肉糜，加入等量的鳗鱼粉，再加入适量的维生素 C、复合维生素、酵母粉等，用搅拌机搅拌均匀，制成条状饵料。每半个月使用 1 次，用量为平时投饵量的 70%。

（四）及时清除残饵和粪便

东风螺养殖产生的残饵和动物粪便大部分积累在水底沉积物中，这些物质主要由糖类

（18％）、脂肪（14％～17％）和蛋白质（46％～51％）组成。高密度和集约化养殖的饵料来源主要是人工投喂冰鲜饵料或配合饲料。研究表明，当投喂干颗粒配合饲料时，产生1％～5％的残饵，当投喂冰鲜鱼时约产生 30％的残饵。残饵和动物粪便在水体中积累成为底层沉积物的主要成分，能消耗大量氧气，导致养殖水体缺氧。海南地区气温、水温较高，过多残饵粪便在底部发酵，容易造成底部缺氧，并且诱发大量有害细菌滋生，破坏底质。有害细菌侵入东风螺体内，就会造成一系列病害，严重时甚至死亡，损失惨重。很多研究结果显示，海水网箱养殖区域的水体含有较高浓度的 H_2S。这些 H_2S 大部分由残饵和动物粪便沉积物产生，尤其是在水体缺氧时 H_2S 的浓度会更高，而 H_2S 对养殖动物具有毒性。

投放海参可以清除部分东风螺粪便和残饵，但也不能掉以轻心，多余的残饵（尤其是大块残饵、鱼刺、鱼骨）要及时清除，尽量减少养殖水体的有机颗粒。一般来说，投饵后2h 就要清除饵料残渣，越干净越好。

二、保持良好的水质环境

（一）养殖沙层

东风螺栖息于沙里，目前水泥池养殖有 2 种铺沙方式：直接铺沙和架空铺沙。一方面，沙层为东风螺提供栖息环境；另一方面，水中有机颗粒、残饵、粪便都沉积在沙层中。在流水条件下，架空的沙层有新鲜水通过，带来丰富的氧气。富氧环境下，硝化细菌等有益菌会大量繁殖，从而将有机碎屑氧化分解为二氧化碳、硝酸盐等，对东风螺基本无害。这些物质溶于水后，可以通过排水系统排出。如果没有把沙层架空，粪便、残饵就会在沙中富集。在溶解氧不足条件下，这些有机物不完全分解，产生氨态氮、硫化氢等有害物质。它们对东风螺造成毒害，影响东风螺食欲，延缓东风螺生长，降低免疫力。另外，一些致病菌也会滋生繁殖，容易引起病害，造成东风螺大量死亡。在东风螺养殖池中，投放海参，也有清除有机颗粒的作用，可实现清洁沙层的目的。

（二）改良水质

不管是东风螺育苗还是养殖，所用海水需要在岸边打沙井，在井中抽水，最好水源再经过沙滤池过滤后进入水池。这样可最大限度减少原生动物进入养殖系统，间接减少病原进入养殖系统。养殖过程中，每隔一段时间泼洒益生菌，可维持养殖池良好的微生物环境，抑制病原菌繁殖，减少病害。在东风螺养殖池中，投放江蓠能吸收部分营养盐，消除部分氨氮，维持水质清新。在养殖池中投放光合细菌，有利于形成有益的微生态环境，抑制有害细菌繁殖，减少病害。

（三）良好的理化条件

养殖过程中，要维持适宜的水温、光照、盐度、pH，保证东风螺的生长速度。当外界环境条件变化时，东风螺为了适应环境，必然调动机体对外界环境做出反应。这就要消耗能量，影响东风螺生长速度。当水温超过东风螺适应温度时，会对东风螺免疫系统造成影响，使得东风螺抵抗力下降，增加其感染病原的风险，甚至患病死亡。尤其是夏季高温和冬季寒潮时，注意水温的变化。高温时，可以采取通风、洒水等措施降温，加大流水维持水温稳定。寒潮时，在水池周围布膜，减少空气流动；可在水池顶部架设透明薄膜，形成人造温室，维持水池高气温；还可以在水池里投放钛加热棒加热。一般情况下，盐度、pH 相对稳定，当极端天气（如台风）造成盐度、pH 变化时，可通过加粗盐（海水素）调节盐度，通过醋酸、碳酸氢钠调节 pH。总之，要维持各项理化因子在东风螺适宜生长范围，保证东风螺正常生长。

三、病原体防控

病原体是能引起疾病的微生物和寄生虫的统称。微生物占绝大多数，包括病毒、衣原体、立克次体、支原体、细菌、螺旋体和真菌；寄生虫主要有原虫和蠕虫。病原体属于寄生性生物，所寄生的自然宿主为动植物和人。目前知道的导致东风螺患病且大量死亡的病原体是弧菌。东风螺遭病原体侵袭后是否发病，一方面与东风螺自身免疫力有关，另一方面也取决于病原体侵入的数量，以及环境是否适合病原体的增殖。环境条件适合病原体繁殖时，病原体数量迅速增加，导致东风螺发病；反之，病原体数量较少，东风螺不发病或延缓发病。病原体数量越大，发病的可能性越大。尤其是致病性较弱的病原体，需较大的数量才有可能致病。

有研究在患急性死亡症的方斑东风螺分离到 4 个优势菌株，人工感染结果：B1 菌株，注射浓度为 10^7 CFU/mL 时累计死亡率为 40%，注射浓度为 10^8 CFU/mL 时累计死亡率为 50%；B2 菌株，注射浓度为 10^7 CFU/mL 时累计死亡率为 30%，注射浓度为 10^8 CFU/mL 时累计死亡率为 70%；T1 菌株，注射浓度为 10^7 CFU/mL 时累计死亡率为 20%，注射浓度为 10^8 CFU/mL 时累计死亡率 80%；T2 菌株，注射浓度为 10^7 CFU/mL 时累计死亡率 30%，注射浓度为 10^8 CFU/mL 时累计死亡率 70%。可见，同是弧菌，不同菌株致病性不同；同一个菌株，不同数量致病性不同。基于此，可以采取如下防控措施。

（一）隔离措施

东风螺养殖池分区管理，20 个池为 1 个区域，区域之间设隔离带。专职养殖人员进行管理，通常在自己的管理区域活动。工作人员进入养殖场必须对手脚进行消毒，穿工作服、工作鞋、手套等，避免带入病原体。非工作人员不能随便进入养殖区，确实十分必要的，可换上工作鞋进入养殖场参观，但不能操作。全部工具专池专用，或经过严格消毒后使用。对于爬出池外的东风螺，不能捡起来放回养殖池，而是收集于隔离池中暂养，或煮沸销毁。目前规模较大的东风螺养殖场有几百个水池，大部分串联在一起，没有隔离措施，不利于病原体隔离。

（二）消毒措施

消毒是指杀死病原微生物、但不一定能杀死细菌芽孢的方法，通常用化学的方法来达到消毒的目的，用于消毒的化学药物叫作消毒剂。灭菌是指把物体上所有的微生物（包括细菌芽孢在内）全部杀死的方法，通常用物理方法来达到灭菌的目的。消毒分为随时消毒和终末消毒：随时消毒是指及时杀灭并消除由污染源排出的病原微生物而进行的随时的消毒工作，通常在养殖期间使用；终末消毒是指养殖生物患病死亡后，对原水池进行的彻底消毒，以期将传染病所遗留的病原微生物彻底消灭。

养殖场生产期间，每周随时消毒 1 次，用 200mg/L 漂白粉溶液对养殖区域的走道泼洒消毒。养殖池每 7～15d 用 1～2mg/L 溴氯海因泼洒 1 次，泼洒后排放部分水，使得消毒水到达沙层及水池底部。在排水口插管挂漂白粉布袋，经常消毒排出的水，避免病原体通过排水管道传播。投喂小杂鱼时，用 20mg/L 高锰酸钾溶液或 100mg/L 漂白粉溶液消毒 30min，淡水冲洗干净后投喂。万一有东风螺患病，要采取终末消毒措施，加大消毒剂用量。起捕收获东风螺后，对水池、沙、工具等采取终末消毒措施。然后，再进行下一轮养殖活动。

（三）治疗措施

发现个别东风螺腹足朝上，行动迟缓，对外界刺激不敏感，甚至有死亡时，首先对患病池进行隔离，避免交叉感染，然后及时清除病螺，轻者移到隔离区治疗，重者煮沸后深埋。养殖池停止流水，每天 1～2mg/L 溴氯海因泼洒 1 次，连续 1 周。

───────────────── 参考文献 ─────────────────

黄美珍，1999. 光合细菌对致病弧菌的抑制作用 [J]. 台湾海峡，18 (1)：92-94.

黄瑞，苏文良，龚涛文，等，2006. 方斑东风螺养殖技术研究 [J]. 台湾海峡，25 (2)：295-301.

黄郁葱，简纪常，吴灶和，等，2009. 方斑东风螺吻管水肿病病原菌的初步研究 [J]. 渔业现代化，36 (4)：37-41.

梁健，高山，李永仁，等，2016. 方斑东风螺肿吻病致病菌分离及中草药对其的预防效果 [J]. 江苏农业科学，44 (11)：267-269.

罗杰，杜涛，梁飞龙，等，2004. 方斑东风螺养殖方式的初步研究 [J]. 海洋科学，28 (7)：39-43.

彭景书，戈贤平，李明，等，2011. 方斑东风螺单孢子虫病的研究 [J]. 水生生物学报，35 (5)：803-807.

王国福，张瑞姿，曾令明，等，2008. 方斑东风螺肉壳分离病的防治方法 [J]. 河北渔业，8：37-40.

王建钢，乔振国，2011. 方斑东风螺肉壳分离病病因的初步研究 [J]. 现代渔业信息，26 (10)：16-18.

王建钢，乔振国，2011. 方斑东风螺脱壳病防治方法探讨 [J]. 现代渔业信息，26 (11)：27-29.

王江勇，王瑞旋，苏友禄，等，2013. 方斑东风螺"急性死亡症"的病原病理研究 [J]. 南方水产科学，9 (5)：93-99.

张新中，文万侥，冯永勤，等，2010. 方斑东风螺肿吻症病原菌的分离鉴定及药敏分析 [J]. 海洋科学，34 (5)：7-12.

赵旺，吴开畅，王江勇，等，2016. 方斑东风螺"翻背症"的病原及初步治疗研究 [J]. 水产科学，35 (5)：553-556.

郑养福，2007. 方斑东风螺浮游期聚缩虫病的防治 [J]. 福建水产 (2)：48-51.

第十章

收获及运输

第一节 收 获

一、东风螺收获

东风螺在水泥池养殖 7 个月左右，壳高达到 2.6～3.5cm，体质量 10g 左右，也就是 100～160 个/kg，即可起捕收获。水泥池养殖的东风螺，收获方法比较简单，有两种：过筛法和诱捕法。过筛法是把水排干，用塑料铲子把螺和沙一起铲到筛筐（孔径 1.0～1.2cm）中（彩图 14、彩图 15），再用海水把沙子冲走，剩下东风螺，可以一次性把东风螺起捕完。诱捕法是停止投饵 1d，把饵料投放在准备好的网兜里，10min 后收集网兜里的东风螺，用海水冲洗干净。此法一次抓不完，需多次收集，最后要尽量收干净。

池塘和滩涂大面积养殖的东风螺，通常采用诱捕法。停止投饵料 1～2d，排去部分池塘水（容易操作为宜），在网兜上投饵料，待东风螺爬出沙层到网兜摄食时，起捕网兜，收集东风螺。池塘养殖的东风螺，大小差异显著，可用分级筛在水中小心操作，过筛分级。小的放回池塘继续养殖，大的作为商品螺。滩涂养殖东风螺，面积更大，个体大小差异也会存在，可参照池塘养殖的诱捕法，低潮时诱捕东风螺，高潮时在捕蟹笼里投饵料诱捕，这种方法诱捕效率不高。

我国是世界贝类养殖大国，各种贝类年产量约为 1 200 万 t，占世界贝类总产量的 60%，在整个海水养殖产业中占据主导地位。在养殖贝类中，滩涂贝类的产量约占我国海水养殖总产量的 20%。其中浙江省的滩涂贝类养殖产量一直占全省海水养殖总产量的 70%左右。贝类采收是滩涂贝类养殖中成本最高的生产环节。目前，国内贝类采收仍主要采用人工采捕，劳动强度大、生产效率低、工作条件差。因此，实现自动化取捕机械作业是目前降低滩涂贝类生产成本、提高经济效益的根本途径。水池养殖东风螺，每个水池面积 20m² 左右，不利于机械化采收。滩涂养殖东风螺，面积大，可用机械采捕。

国外贝类采收早已实现了机械化作业。日本、加拿大、英国、美国等国相继开发了多种贝类采捕机，用来采捕贝苗、商品贝、死贝壳以及播种和浅海资源调查。各种采捕机的效率比人工采捕提高 6～60 倍，贝类的损伤率在 1%～10%。相比之下，我国贝类采收的机械化水平低下，尚未有商品化的滩涂贝类采收机。滩涂贝类取捕机械的结构复杂，技术难度大。

陈正等（2015）报道了滩涂贝类采收机工作原理：

1. 总体工作原理

贝类采收机主要包括挖掘机构、输送机构、提升机、清洗分级机构、履带行走机构等。其中挖掘机构采用振动铲挖掘，清洗分级机构采用滚筒式清洗分离原理。工作流程为：电机启动，偏心轮驱动振动挖掘铲前后摆动，在挖掘贝类的同时，滩涂软泥从挖掘铲的栅状板中漏出。链轮从挖掘机构外部驱动输送带动力辊转动，贝类由输送带输送到提升机的漏斗中，然后再由提升机提升至清洗机构中。清洗机构采用滚筒式清洗分离，以辊子驱动滚筒转动，在清洗的同时分选贝类，将贝类送入相应的收集箱中。

2. 挖掘机构工作原理

挖掘机构是贝类采收机不可缺少的一部分，是采收机的贝类入口，工作的起始端。挖掘铲是挖掘机构工作的核心，其主要作用是掘起滩涂软泥与贝类，将其输送到输送带上，并对挖掘出的贝类进行先期筛选。挖掘铲倾斜度不能太大，否则无法完成贝类的输送；倾斜度也不能太小，否则会导致泥沙拥堵在挖掘铲的末端。挖掘机构的挖掘铲设计为振动挖掘铲，通过曲柄摇杆机构快回特性完成贝类在铲面上的向上运动。挖掘铲前部边缘设计为"波浪形"，减少接触面积以增大压强。挖掘铲后部的栅格可以使软泥从中流出，以减小挖掘铲的阻力，并减少贝类中泥沙的比例。

3. 清洗分级机构工作原理

贝类采收机的清洗分离机构主要执行清洗、分级筛选、暂养净化的工作，采用多级变孔式滚筒作为清洗分级的主体，由 3 段拥有不同孔径的网筒组成，安放在 4 只托轮上，并以电机直接驱动滚筒滚动。滚筒内部装有螺旋钢板，用于推动贝类的移动。在工作中，滚筒部分浸入水槽，贝类从漏斗进入后，在螺旋钢板的推动下沿滚筒轴线方向前进，由于贝类壳体大小不同，将会从不同的网孔中落下，进入网兜，最后被分别倒入相应的收集箱中暂养。滚筒的外侧还安装有压辊，不仅能保证滚筒的正确工作位置，还能有效防止贝类堵塞网孔，保证工作效率。

滩涂贝类自动化采收技术能提高贝类采收效率，减轻劳动强度，增加经济效益，是适应现代农业发展的有效技术。滩涂贝类采收机采用振动挖掘方式减少了挖掘阻力，提升了采收效率，使用滚筒分选结构同时完成贝类的清洗和分级，能有效地降低设备成本，为今后进一步开展贝类采收机械的研制和开发提供了参考。

二、其他滩涂贝类收获

1. 缢蛏的收获

缢蛏播种后经 3~5 个月养殖，达到 60~100 个/kg 规格即可收获。具体时间可视市场需求而定，60 个/kg 较佳。收成前先试点捕捉，测定其规格。收成时直接用手插入蛏穴捕捉或用手指插入穴内迅速上拔，吸附蛏子出穴。第一次收成后隔 2~3d 再收两次，以收净余蛏。温度与饵料充足时每年可养 2~3 季。规格达 5cm 左右即可收获，这时收获的蛏子为一年蛏，称为"新蛏"；两年蛏称为"旧蛏"。一年蛏的收获从小暑开始到秋分结束，历时 2 个月；两年蛏的收获一般从清明开始到立夏结束。收获方法有挖捕、手捕和钩捕。挖捕为在较硬的沙泥质滩涂，待退潮后，用蛏刀、四齿耙或蛏锄等工具从蛏埕一端开始，依次翻土挖掘。挖土深度，依据蛏体穴居的深度而定。边挖，边拣入筐中。手捕是在松软的泥质埋地，直接用手插入蛏穴捕捉。钩捕则是用蛏钩沿蛏穴边缘顺着蛏壳外缘垂直插入蛏体下端，然后旋转钩着蛏体提出蛏面。此法多用在密度较小的蛏埋。

2. 文蛤的收获

我国海岸线绵长，自北向南有大量的沿海滩涂开展文蛤养殖产业，且具有巨大的经济效益。文蛤类穴居深度在 3～15cm，传统的采收由人工完成，劳动强度大，工作效率低。现有的机械化、自动化的采收设备只能进行深水海上作业，不能适应浅滩养殖的蛤类收获，而且集中化程度不高。针对目前文蛤采收技术落后的现状，改变传统的收获方法，采用机器挖掘，利用机器上的输送链抖动输送，高压清洗，最后以集装的方式完成，可大大减轻渔民的劳动强度，提高效率。采用机器化采收有广阔的前景，可解决目前存在的一系列问题。

申屠留芳等（2016）设计了效率稳定、操作方便、对沿海滩涂有很好的适应性的文蛤收获机。该机的设计解决了以下 3 个关键技术问题：一是滩涂泥沙较硬且具有较强的吸附性，采收时易吸附在挖掘铲和输送带上，影响机器正常运转；二是滩涂地质松软，采收机在行走中由于自身的重力和机器的振动，轮于会陷入滩涂；三是文蛤的大小不同，为了让幼小的文蛤继续留在滩涂内生长，需要对其进行筛选分离。

该设计采用自走式履带拖拉机提供动力，以解决收获机陷入滩涂的问题。工作时，前面的挖掘铲通过液压系统控制，并配有喷水枪，以解决滩涂泥沙的吸附性困扰；中间的输送振动装置可以有效地分离打散泥沙；后面的分离滚筒可使幼小的蛤类从筛孔中落下，撒落回滩涂面，再次生长。以履带式牵引机为载体，通过液压系统驱动液压缸控制挖掘铲的深浅，挖掘铲前配有喷水喷头，以解决滩涂泥沙附着问题。当挖掘铲挖起的泥沙混合物，经过振动机构后，部分泥沙混合物经过震荡回落到滩涂，剩余部分泥沙及较大的文蛤经输送装置运送至机器后部的分离滚筒中，进行最后的分离筛选。

整套设备由 1 台柴油机提供动力，并将机器的动力经皮带机链条输送至各部分机构。挖掘铲在挖掘文蛤时，需要深入土层 15cm 左右，为了确保将所有文蛤挖尽，需要对挖掘铲挖掘的深度进行控制调节。因铲刃边缘和底部与土壤接触，会对挖掘铲产生很大的运动阻力，降低采收挖掘的速度和效率，因此要通过控制铲刃水平位置倾角，使土壤可以沿挖掘铲顺利滑动，从而减小挖掘铲的阻力。

该滩涂自走式文蛤收获机的设计结合了江苏沿海当前蛤类养殖发展特点、滩涂沙土黏性的独特地理条件及文蛤的实际生长状况，具有一定的实用价值。影响挖掘铲工作的主要参数是运动过程中的挖掘深度及铲倾角，在对各个参数适当调整后就可以得到最优的运动效果。该设计适用于沿海滩涂蛤类及其他养殖贝类的收获，可以完成挖掘、分离土壤和平铺在地面上的任务，能降低人力需求，减轻渔民的劳动强度，降低收获作业成本。

第二节 保活运输

水产品活体运输是水产品进入市场等环节的一种保活流通方式。在我国，水产品活体销售是最重要的出售方式，水产品的保活运输是供应鲜活水产品的前提和保障。在运输过程中，水产动物的大量死亡会造成巨大的损失。在当今世界贸易的环境下，水产品交易频繁，给水产品的保活运输带来了很大的挑战。

目前，人们对食品的品质提出了更高的要求，水产品的活体保鲜和长距离运输是拓宽海外市场的关键，是我国水产养殖业能够长期持续发展的保证。近年来，食品安全问题成为热点，对水产动物的安全运输提出了更高的要求。为了拓宽水产品市场，提供长距离、长时间以及最佳鲜度的水产品运输是首要任务。水产品活体运输的影响因素包括温度、水质、氧气以及水产品品质等多个方面，为了保证运输的最佳鲜度，需严格控制运输环境。

水产保活运输主要包括有水保活运输和无水保活运输，无水保活运输是对传统运输的一次革新。鱼类和虾类多采用有水保活运输，通常是水车运输，全程增氧，运输保活率几乎100%。贝类、龙虾、蟹多采用无水保活运输。国内外对水产品活体运输进行了多方面的研究，如运输容器、运输设备以及运输中的物理和化学处理方法等。通过物理和化学方法改变水产动物的生存状态、体质、抗应激能力以及水质环境具有重要的意义。从水产品活体运输的理化处理方法着手，研究国内外专利技术发展脉络，总结经验，学习先进的运输技术具有重要的学术理论价值和应用价值，可为提高经济效益和社会效益提供支持。

一、东风螺保活运输

贝类不仅营养丰富，美味可口，而且含有丰富的牛磺酸，具有营养保健功能，深受国内外消费者的欢迎。贝类肌肉中含水分多、组织比较脆弱，组织中含有丰富的蛋白质和非蛋白态氮。贝类肉附着细菌的机会多，且大多为中温细菌，故易造成细菌快速大量繁殖，引起肌肉腐败变质，从而使得贝类销售受到极大限制。市场上销售的东风螺都是活的，死亡的东风螺几个小时就会腐败发臭，丧失食用价值，因此要保活运输。

东风螺是冷血动物，新陈代谢率随温度的降低而降低，因此低温环境有利于延长东风螺的存活时间。将收集好的东风螺洗净，在空气中晾干10～15min。过秤，在10～15℃的海水中均匀浸泡降温3～5min，捞出晾干3～5min。倒入塑料包装袋中，封口，再放入泡沫箱内，加盖封好泡沫箱即可运输。气温高时，可在泡沫箱内放置冰块降温，也可在车厢内放置冰块或开空调控制车厢温度。一个包装可以装35kg左右，20h存活率95%以上。如果运输距离远，比如2 000km，就要考虑航空运输，从而缩短运输时间，保证存活率。如果运输4 000km，应减少一半东风螺，加入纯氧气，扎紧袋口，严密包装。

贝类的传统保活方式是有水保活，密度小，且水体温度偏高，贝类机体的代谢强度大，供氧量多，水质难处理，成本高。相比之下，生态冰温条件下的无水保活设备成本和能耗相对较低，具有明显的优势。故而无水低温保活将是今后贝类保活的必然发展趋势。

二、其他贝类保活运输

夏昆等（2002）在青蛤的低温保活实验中利用低温无水干置法保活青蛤，保活时间较长，存活率也较高。经测定，青蛤的结冰点为-2℃，冰温区间为-2～0℃，青蛤在冰温区保活时间最长，28d的存活率可达99%，保活效果较好。在生产实践中，因很难精确维持在-2～0℃这一温度带，而0～5℃这一温度范围在生产上比较容易达到，并且16d也可保证99%的存活率，因而在生产上是可行的。

彩虹明樱蛤低温保活的适宜温度为1～3℃，在此温度下，彩虹明樱蛤能维持存活，但其呼吸作用较弱，新陈代谢极低，因而保活效果最好，最高堆放存活率比平铺效果好，不同容器之间彩虹明樱蛤存活率也存在差异。彩虹明樱蛤个小壳薄，容易受环境湿度的影响，堆叠在一起比平铺放置受环境湿度影响小，加之容器密封性差异，因而存活率不同。因此，在彩虹明樱蛤低温无水保活过程中必须要考虑相对湿度的因素。

大獭蛤在0℃及以下的低温进行低温保活实验，肌体部分可能已出现微冻结，这与蛤体独特的生理生化变化有关，而与菲律宾蛤仔等呈现明显不同的生理行为。相对而言，3.0～5.0℃为其较适合的保活温度。在充氧包装保存的状态下，大獭蛤的存活率较高，3d后其存活率仍高达90%。不经过暂养的大獭蛤的存活率稍有降低，而暂养1d、2d、3d的大獭蛤存活率则没有明显变化。降温速率小，大獭蛤的存活率高；降温速率大，大獭蛤的存活率低。温度在3.0～5.0℃时，在干露的状态下（即湿度小于50%），24h后大獭蛤存活率为0；而在密闭保湿（湿度接近100%）的状态下，24h后大獭蛤的存活率为100%。大獭蛤的结冰点为-1.9℃左右，-1.9～5.0℃为其生态冰温区，在-2.0～0℃温区内，大獭蛤的保活时间不如3.0～5.0℃温区。选择适宜的暂养时间、降温梯度，维持一定的湿度和氧气量，在3.0～5.0℃下，大獭蛤可达到最好的保活效果。

日本长崎大学成功研制出一种无水喷雾保活装置，可在厢式运输车内形成低温高湿环境，促进水产品在低温下进入冬眠状态，降低新陈代谢水平，使其在离水条件下长时间维持生存。该方法运输成本低、运输密度大、存活率高、用水量少，避免了环境污染，同时对人体无害。该喷雾装置采用汽、水混合加湿。工作时，一定压强的人工海水由水泵送入喷头，空气经气泵压缩后也送入喷头与水混合，将水的压强升高后，将水在车厢喷成雾状。车厢内回风处布置一个温度探头，该探头将采集的温度信号送入控制器，当温度低于最低设定值时，制冷阀断开，压缩机停止工作；当温度高于最高设定值时，制冷阀合上，压缩机重新启动。如此循环往复，将温度控制在设定的范围内。该装置可将温度基本控制在（4±1）℃、湿度90%以上。

申淑琦等（2014）报道，在4℃条件下，采用充氧保湿方法无水保活海湾扇贝20 d，测定无水保活过程中海湾扇贝的营养成分、糖原、乳酸含量，以及总挥发性盐基氮（TVB-N）、游离脂肪酸（FFA）、硫代巴比妥酸（TBA）和盐可萃取性蛋白氮（EPN）等指标的变化。结果表明：在低温充氧保湿条件下，随保活时间的延长，海湾扇贝的水分、粗蛋白质和粗脂肪含量略微下降，粗灰分含量上升，但均无显著性差异（$P > 0.05$）；糖原含量和EPN呈下降趋势，且在11～20 d的保活过程中均显著降低（$P < 0.05$）；乳酸含量呈上升趋势，且在11～20 d的保活过程中显著升高（$P < 0.05$）；TVB-N呈上升趋势，且在15～20 d的保活过程中显著升高（$P < 0.05$），但保活20 d时的TVB-N含量仍低于鲜、冻动物性水产品卫生标准（GB 2733—2005）中对海产贝类的TVB-N可接受限0.15 mg/g；FFA、TBA均呈上升趋势，但上升趋势平缓，变化幅度小，且无显著性差异（$P > 0.05$）。研究表明，在充氧保湿条件下，低温无水保活20 d的海湾扇贝营养损失和品质风味变化均较小，且保持着良好的鲜活状态。

第三节　水产品保活运输研究进展

如今，随着人们生活品质的提高，鲜活水产品逐渐受到广大消费者的青睐。鲜活水产品安全性高，且能最好地保持其原有的营养价值。近年来，我国水产品流通量越来越大，流通距离越来越远，但保活运输技术不成熟，制约了水产品销售市场的发展，因此保活物流技术已成为冷链物流领域关注的焦点。目前，保活运输方法主要包括有水运输和无水运输 2 种，其操作原理、特点各不相同。

一、有水保活运输

1. 净化水质

水质的好坏直接决定了水产动物存活时间的长短。在运输过程中，由于水产动物的排泄物以及黏液等不断积累，其生存环境中氨氮不断积累，悬浊物不断增多。若不净化水质，它们肯定会因为呼吸及代谢不畅中毒死亡。因此，在运输过程中需保持水质清新，满足鲜活水产品正常生存。通过利用膨胀珍珠岩或活性炭均可有效地吸附水产品代谢过程中产生的排泄物，起到净化水质的作用。此外，在运输一些观赏鱼的途中可通过添加硝化细菌，降解水质中有毒氨类物质。

2. 充氧

充足的氧气是有水运输时保证存活率的关键手段。带有水箱的车辆运输，通常有充入纯氧气和空气两种手段，前者靠车载多个工业氧气瓶实现，后者靠车载鼓风机实现。运输时都把散气石覆盖在水箱底部，这样可以在长途的保活运输过程中保持水体中充足的溶解氧量，能够使鱼有较高的存活率。此外，当鱼处于应激状态时，会加速氧气消耗，为保证活鱼能够获得足够的氧气，要求连续向水中释放氧气，确保水体溶解氧量不低于鱼的窒息点，这样就可以保证鱼的存活率。该方法操作麻烦，但可以大量运输大型水产品。另外，较常用的有密闭式充氧运输，往塑料袋内注入 1/3 水，水产品放入后将袋内的空气排尽，然后用氧气钢瓶充满氧气，封口。为防止塑料袋在长途运输途中破裂，需要将袋子放入运输桶内。这方法虽简单，但换水换气不易操作，水产品呼吸代谢需要消耗大量氧气并产生氨氮等代谢产物，直接影响其鲜活状态，甚至造成死亡。该方法适用于个体小的水产品，如虾苗、鱼苗、贝苗等。

3. 麻醉保活法

麻醉一般就是将麻醉制剂添加在水体或饵料中，当水产品在呼吸或吃食的时候摄入，继而会产生麻醉作用，使其暂时失去反射功能，这样就会降低其呼吸代谢强度，提高存活率。鲜活水产品运输中最常用的麻醉剂包括间氨基苯甲酸乙酯甲磺酸盐（MS-222）、丁香酚等。目前，MS-222 是应用最为广泛的麻醉剂，美国食品药品监督管理局（FDA）唯一批准的可以用于食用鱼的麻醉剂就是 MS-222。它易溶于水，FDA 要求使用 MS-222 麻醉运输鱼后，需要经过 21 d 的药物降解期才可以在市场上销售。刘长琳等（2008）用 MS-222 对半滑舌鳎成鱼进行麻醉试验，结果表明鱼体麻醉效果较好、苏醒快，鱼的存活率大大增加，经济效益得到提高，其是理想的麻醉剂。丁香酚具有安全高效的优点，是一种经常使用的植物提取物类麻醉剂。近年来，丁香酚已成为水产品保活运输常用麻醉剂之一。与 MS-222 相比，丁香酚的优点在于成本低、剂量低、安全度高、潜在死亡率低，但其安全性没有被普遍接受。在美国国家毒理学计划（NTP）发布的毒理学数据中，甲基丁香酚是潜在的致癌物质。化学麻醉剂除了以上 2 种，常用的还有乙醚、乙醇、三溴乙醇、尿烷、苯巴比妥钠等。

4. 低温保活法

目前，有水低温保活运输是短距离流通过程中最常用的物流方式，主要是通过在产地对运输水进行降温，或者在运输途中间断性向水中加入冰块，以降低水温促使水产动物代谢水平的下降。早在 20 世纪 90 年代，日本三菱重工就对低温有水保活运输技术进行了大量试验研究，其采用回流水槽对循环活水降温的方式保证鲍环境水温维持在 10 ℃以下，鲍从澳大利亚运至日本，到达目的地后存活率达 94%。低温有水保活运输方法能够有效地降低水产品的新陈代谢，延长保活时间，具有安全可靠、成本低廉的特点。因此，该方法不但是一种绿色无公害型运输方式，而且符合动物福利法的相关规定。

二、无水保活运输

1. 化学麻醉法

水产品运输流通过程中，常用麻醉剂抑制碰撞刺激引起的应激反应，可降低其代谢强度，减少鱼体损伤。二氧化碳（CO_2）作为一种非化学麻醉剂，与其他化学麻醉剂相比，不会在鱼体内残留，不会影响水产品的营养价值，并且对环境影响小。CO_2 麻醉剂麻醉过的鱼可直接送销售市场，其不需像丁香酚等化学麻醉剂等药效过后才可以销往市场。周翠平等（2014）研究 CO_2 麻醉技术在罗非鱼无水保活运输中的应用，以麻醉时间、复苏时间为指标，探讨 CO_2 质量浓度对罗非鱼麻醉效果的影响。试验结果显示，水温 25 ℃，CO_2 质量浓度 0.41～1.13 mg/L 时，随着质量浓度的增加，麻醉时间缩短，罗非鱼复苏时间延长；质量浓度 0.58 mg/L、水温由 10 ℃升高到 30 ℃时，麻醉时间呈先上升后下降的趋势，复苏时间呈下降趋势。与麻醉中罗非鱼的血浆生化指标相比，复苏后的罗非鱼血浆生化指标均下降。说明 CO_2 对罗非鱼有较好的麻醉作用。

2. 无水生态冰温保活法

无水生态冰温保活法是将水产品降温至生死临界温度范围，即生态冰温，使其处于完全休眠或半休眠状态，以降低其呼吸及代谢，延长存活时间，再把休眠状态下的活水产品捞出，放入无水环境中进行低温运输。日本学者曾将日本海域捕捞的鱼保持在生态冰温 7 ℃左右，鱼体湿润，结果冬眠成功。王晓飞等（2008）研究发现，麦穗鱼的冰温带为−1～0.6 ℃；倪锦等对皱纹盘鲍进行冻结曲线测定试验，通过观察冻结曲线得出皱纹盘鲍的冻结点温度为−1.5 ℃，而北方皱纹盘鲍的生态冰温在 0 ℃左右，因而确定皱纹盘鲍生态冰温区为−0.5～0 ℃。

三、低温有水保活原理

低温有水保活技术在社会上已经被人们广泛地应用。关键技术是在保活过程中做好水质管理，能够在有效的时间内对水体溶解氧、pH、二氧化碳、氨氮等指标及时监控。影响水产品新陈代谢的因素很多，其中温度是最大影响因素。温度越低，水产品的新陈代谢速率就会越慢，因此水产品在保活过程中保持低温有利于延长保活时间。

郑慧娜等（2016）对文蛤等贝类的保活进行了研讨，同时，对几种保活技术进行了比较，看哪种保活技术对文蛤等贝类的存活最有利，（包括常温无水保活、冰块保活以及低温无水保活三种技术）最终发现，当温度在 4℃时，低温无水法存活率最高。

四、低温无水保活原理

低温无水运输是水产品运输的一种新方法。水温越高，水产动物的能量消耗越高，新陈代谢效率越高；反之，新陈代谢效率越低。低温无水运输是通过降温降低水产动物的新陈代谢速率，以提高其存活率。但如果温度过低，水产动物就会完全冻住甚至结冰，最终死亡，水产动物的存活将无法实现。低温无水保活技术是一种绿色环保的保活技术，具备很多优点：成本较低，保活率高，保活时间比较长，质量高。一些耐低氧能力强的鱼类，以及在低温的条件下消耗氧少的鱼类都适合用无水保活技术。同时，无水保活技术对活鱼有着低温驯化的作用。能够让鱼类在人工的作用下进入休眠状态，然后进行无水保活运输。综上，水产品的无水低温保活原理就是在低温下保证水动物可以存活，能够进行微弱的呼吸，但其新陈代谢在最低，从而提高了水产品的存活率。

聂小宝等（2013）等对泥鳅采用低温保活法，结果表明选择合适的低温，对提高泥鳅保活的存活率有很大的帮助。刘淇等（1999）对 2 龄橄榄比目鱼低温无水保活原理进行探究，结果表明，临界温度为 −7℃时，橄榄比目鱼 52h 的存活率达到 100%，60 h 的存活率为 90%。Zhang 等（2017）研发了一种移动无线监控和可追溯管理系统，可在物流中智能地获取微环境气体、湿度和温度指标，并自动控制它们，以释放运输压力，延长水产品的保质期。在该系统的管理下，水产品无水运输的存活率提高了 5%，达到 99.5%，降低了劳动强度 10%，为水产品冷链物流的跟踪和优化提供了理论依据。

五、存在的问题及展望

国内外现有的水产动物保活运输技术，都有其优缺点。有些水产动物保活技术还不够成熟和完善，还需研究者在今后进行改善以及开发新的水产动物保活新技术。在执行水产动物保活技术时，技术人员要严格按照要求去操作，并在操作的过程中发现问题和及时反馈，这样有利于对水产动物保活技术的研究与创新。未来水产品运输的研究方向，一是在原有的保活技术上创新、完善以及优化，要有严格的操作标准。二是引进新材料，开发新设备，如相变恒温材料等，从而提高水产品的保活率，进一步降低水产动物保活运输的成本。

参考文献

陈康健，徐彬彬，刘唤明，等，2019. 水产品保活技术研究进展［J］. 科技经济导刊，27（3）：11-15.
陈正，朱从容，李振华，等，2015. 履带式滩涂贝类采收机设计［J］. 机械工程师，12：136-137.
邓希海，2008. 换水换气式充氧密封水产苗种运输装置的应用研究［J］. 大连水产学院学报，23（3）：

225 - 229.

刘淇，殷邦忠，姚健，等，1999. 牙鲆无水保活技术 [J]. 中国水产科学，6 (2)：101 - 104.

刘长琳，陈四清，何力，等，2008. MS - 222 对半滑舌鳎成鱼的麻醉效果研究 [J]. 中国水产科学，(1)：92 - 99.

聂小宝，刘淇，张长峰，等，2013. 泥鳅低温无水保活技术研究 [J]. 湖南农业科学 (5)：80 - 83.

申淑琦，万玉美，王小瑞，等，2014. 海湾扇贝低温无水保活过程中营养成分和生化特性的变化 [J]. 大连海洋大学学报，29 (6)：633 - 637.

申屠留芳，张炎，孙星钊，等，2016. 滩涂文蛤收获机挖掘铲的设计与分析 [J]. 农机化研究，11：113 - 117.

王晓飞，张桂，郭晓燕，2008. 麦穗鱼无水保活技术的初步研究 [J]. 内陆水产，33 (3)：19 - 21.

吴佳静，杨悦，许启军，等，2016. 水产品保活运输技术研究进展 [J]. 农产品加工，8：55 - 60.

夏昆，崔艳，江莉，等，2002. 贝类无水低温保活技术 [J]. 上海水产大学学报，10：212 - 214.

郑惠娜，唐小艳，周春霞，等，2016. 文蛤无水保活及水溶性蛋白组成变化初步研究 [J]. 水产科技情报，43 (2)：108 - 112.

周翠平，白洋，秦小明，等，2014. 二氧化碳麻醉技术在罗非鱼无水保活运输中的应用研究 [J]. 渔业现代化，41 (4)：21 - 25.

Zhang Y，Fu Z，Xiao X，et al.，2017. MW-MTM：a mobile wireless monitoring and traceability management system for water-free live transport of aquatic products [J]. Journal of Food Process Engineering，40 (3)：78 - 83.

第十一章
台湾东风螺育苗及其养殖

第一节　台湾东风螺育苗

台湾东风螺为中国华南沿海的常见种，隶属于软体动物门、蛾螺科、东风螺属，是很有开发前景的重要经济贝类。吴进锋等（2006）对台湾东风螺进行人工繁育试验。试验结果表明，台湾东风螺亲螺在繁殖初期日摄食量为螺体重的 1.5% 以上，最高可达 3.0%，但繁殖盛期摄食量减少。在人工饲养条件下，利用水泥方砖采卵效果良好。在水温 22.5～25.6℃和充气条件下，台湾东风螺受精卵在卵囊内完成胚胎发育破囊孵出的时间为 7 d，孵化率为 95% 以上。在水温 24.0～27.5℃、培育密度为 0.10 个/mL 左右时，幼虫壳长生长速度可达 18.1 μm/d，其生长曲线显示中后期生长加速，成活率为 60% 以上；幼虫发育至附着变态的平均时间为 22 d，在铺沙与不铺沙条件下均可附着变态。在水温为 25.1～26.5℃、培育密度为 2 000～2 100 个/m² 时采用无铺沙培育台湾东风螺稚贝，其壳高由 1.3 mm 长至 5.5 mm，生长速度为 0.22 mm/d，成活率为 29.5%。

一、亲螺培育与采卵

亲螺为繁殖季节初期（4—5 月）购自广东沿海笼捕生产的台湾东风螺，平均个体质量为 52.0 g，壳高 6.2～7.5 cm。饲养密度为 51.6 个/m²，采用流水培育，日流水量 100% 以上，流水时间 8～10 h。每 2～3 d 进行全换水并清除残饵等沉积物。每天投喂鱼、虾、蟹肉等饵料。使用 25 cm×25 cm 水泥方砖等作为隐蔽物兼作采卵器。

在室内培育条件下，台湾东风螺的摄食活动以夜间为主，在静水状态下对冰冻鱼肉的嗅觉反应可达 1m 左右，在繁殖初期的 4 月底至 5 月初，日摄食量最高可达 3%，但随时间往后推移，进入繁殖高峰期后其摄食量呈逐步下降趋势。台湾东风螺亲螺在繁殖季节内（4—9 月）性腺分批成熟分批产卵，产卵高峰期主要出现在 6—7 月。以陶瓷涵管、PVC 塑料管、鲍养殖笼（塑料）和鲍中间培育用的水泥方砖为采苗器，结果以表面粗糙的水泥方砖的采卵效果最好（表 11 - 1）。利用水泥方砖在池底每两块相靠搭成"人"字形采卵器（采卵器总投影面积占池底 60%）时，台湾东风螺将卵囊产于水泥方砖组成的采卵器内侧的数量占总卵囊数的 95% 以上，在不投采卵器或投放材料不适宜的采卵器时，则主要将卵囊产于池壁上。台湾东风螺产出的卵囊为长方形，相互平行成行排列，每个卵囊大小为（6～7）mm×（8～10）mm，平均 6.6mm×9.1 mm。囊内受精卵数量平均约 410

个，受精卵直径约 230 μm。

表 11-1　台湾东风螺亲螺产卵情况

培育日期（月·日）	平均水温（℃）	平均日摄食量（%）	平均日产卵量（×10⁴ 粒）
04.24—04.30	22.0	1.81	23.7
05.01—05.31	24.1	1.51	215.7
06.01—06.30	26.0	1.24	358.7
07.01—07.20	28.4	0.84	309.1

二、孵化与幼虫培育

将附有卵囊的采卵器移入孵化池中进行充气孵化，幼体孵出后用 150～200 目筛绢收集移入幼体培育池中进行培育。幼体培育期间每天换水 2 次，每次 1/3～1/2；每 5 d 倒池一次。投喂亚心形扁藻（密度为 40×10⁴ 个/mL）和角毛藻（密度为 120×10⁴ 个/mL），每天 3～4 次，日投饵量为初期 2 000 个/mL，后期 4 000 个/mL。连续充气。

台湾东风螺亲螺交配后所产出的卵囊内部的卵子绝大部分已受精。卵囊产出后 2～3 h，受精卵大多处于 2 细胞期。在水泥池中进行充气孵化，当水温为 22.5～25.6 ℃ 时，受精卵在卵囊内约需 7 d 完成胚胎发育过程，由卵囊顶端破裂孵出。刚孵出的面盘幼虫大小为 408.5 μm×293.5 μm。在充气条件下，孵化率可达 95% 以上。在不充气的静水中，幼虫孵出时间约推迟 2 d，孵化率下降。刚孵出的浮游幼虫具有直接摄食扁藻等较大型单胞藻的能力。通过投喂扁藻、角毛藻等单胞藻，在培养密度为 0.06～0.11 个/mL 时，幼虫生长较为正常（表 11-2），其生长曲线呈现逐步上升的趋势（图 11-1）。

表 11-2　不同培育密度条件下台湾东风螺幼虫生长比较

编号	试验时间（月·日）	培育水温（℃）	初期培育密度（个/mL）	初始壳高（μm）	终末壳高（μm）	壳高生长速度（μm/d）	成活率（%）
1	05.21—06.05	24.1～26.5	0.22	533.6	778.0	15.0	20.56
2	05.21—06.05	24.1～26.5	0.17	521.6	765.7	16.2	48.40
3	06.09—06.24	27.8～31.0	0.11	508.4	883.5	18.1	60.42
4	06.09—06.24	27.8～31.0	0.06	502.0	774.0	25.0	66.92

在水温为 24.0～25.7 ℃、培育密度为 0.10 个/mL 左右时，平均约需 22 d 进入附着变态，个别可在第 16 天进入变态，附着变态初期的稚贝壳高约 950 μm。在池底铺沙与不铺沙情况下，均可正常附着变态。当幼虫将进入附着变态规格时，利用烧杯进行观察，发现及时投喂虾肉糜可促进幼虫附着变态，变态时间约比只投单胞藻的实验组提早 1～2 d。

采用无沙流水培育，培育水深 30～50 cm，日流水量 100%～150%，日流水时间约 10 h，每 5 d 排干水喷洗池底，每 20 d 倒池一次。每天傍晚投喂鱼（或蟹、虾）肉糜，投喂量为稚贝体质量的 10%～40%，投饵 2h 内停止充气和流水。幼虫进入附着变态时及附

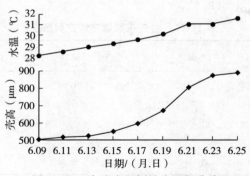

图 11-1　台湾东风螺幼虫生长曲线

着变态不久的稚贝往往死亡率较高。一般从壳顶后期至壳高 1.3 mm 稚贝的成苗率仅为 2%～3%。稚贝壳高 1.3 mm 以后生长较为稳定。在放养密度为 2 000～2 100 个/m² 、水温 25.1～26.5 ℃时，壳高由 1.3 mm 长至 5.5 mm，壳高平均增长速度为 0.22 mm/d，成活率为 29.5%（图 11-2）。

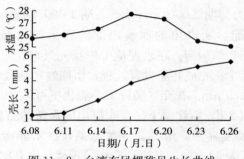

图 11-2　台湾东风螺稚贝生长曲线

三、小结

（一）繁殖行为与采卵方法

与其他大多数贝类一样，台湾东风螺的繁殖季节出现在水温较高、饵料生物较丰富的春—秋季（4—9 月）。根据报道，台湾东风螺的繁殖盛期为 6—8 月，在繁殖季节内性腺分批成熟分批产卵，这给规模化生产带来一定不利。笔者的试验结果显示，台湾东风螺 6 月进入繁殖盛期，但 7 月以后产卵量有减少的趋势，是否与人工养殖条件下生态环境的改变有关，有待进一步研究。在繁殖初期的 4—5 月，亲螺摄食较旺盛，日平均摄食量达 1.5%以上，最高可达 3.0%；在繁殖盛期，摄食量呈下降趋势，这种现象在铺沙与不铺沙培育条件下基本一致。笔者认为这与在繁殖盛期亲螺交尾、产卵行为较频繁，而这些繁殖行为与摄食活动主要在夜间进行，频繁的繁殖行为抑制了摄食活动有较大关系。采用水泥方砖作为采卵器具有良好的采卵效果，95%以上卵囊产于采卵器内侧，显示台湾东风螺喜欢在阴暗隐蔽的地方产卵。使用采卵器有利于将附有卵囊的采卵器收集移入干净的孵化池中进行集中孵化，其操作简便，比不投采卵器更能适应规模化生产。

（二）胚胎发育与幼虫生长

台湾东风螺在卵囊内完成胚胎发育，在水温 22.5～25.6 ℃和充气条件下，胚胎发育至幼虫破囊孵出的时间为 7 d，孵化率可达 95% 以上；在不充气静水条件下需 8～9 d，孵化率下降。笔者认为，在充气条件下，水中溶解氧含量较高，有利于胚胎发育的进行，同时充气带来的水体流转有利于将幼虫从卵囊顶端破裂的小口带出。

在水温为 24.0～27.5 ℃、培育密度为 0.10 个/mL 左右时，幼虫壳长生长速度可达 18.1 μm/d，生长曲线显示中后期生长逐步加速，成活率为 60% 以上。平均附着变态时间为 22 d，最快为 16 d，在铺沙与不铺沙条件下，均可正常附着变态，表明台湾东风螺幼虫附着变态行为对附着基质要求不高。附着变态初期死亡率往往较高，这与幼虫由浮游生活转为底栖生活时，采用传统的平面附苗方法其稚贝密度过高以及幼虫在附着变态阶段对环境因子的变化比较敏感有关。

采用无沙采苗及稚贝培育法，在水温 25.1～26.5 ℃、培育密度为 2 000～2 100 个/m² 时，由壳高 1.3 mm 长至 5.5 mm，其壳高生长速度为 0.22mm/d，成活率为 29.5%。笔者曾在方斑东风螺人工育苗时进行铺沙和不铺沙采苗及小规格稚贝（壳高<5mm）培育比较，发现采苗效果及生长差别不明显，无沙采苗及稚贝培育法具有池底清洁和倒池方便，不像铺沙培育那样易出现底质恶化等优点。

第二节　台湾东风螺养殖

台湾东风螺的养殖和方斑东风螺类似，通常在浙江和福建、台湾等地养殖。

目前，台湾东风螺的养殖仍主要以投喂新鲜鱼虾蟹肉为主，并取得了较好的养殖效果。但投喂冰鲜饵料的缺点是显而易见的：冰鲜饵料对水体环境污染大，如不及时清理，极易造成养殖水体中有害微生物滋生；残饵和沙质清理十分困难，尤其在大规模养殖过程中，工人操作时间长，工作强度大；新鲜野杂鱼的供应常常不稳定，如在东风螺的养殖生长旺期，常因休渔期而直接造成饵料鱼供应紧缺。此外，从长远看，野杂鱼渔获量逐年递减，这些都直接影响了东风螺规模化养殖的持续性。

鉴于目前东风螺养殖的实际情况，采用人工配合饲料替代现有的冰鲜饵料尤为必要。目前国内外对东风螺摄食习性、营养需求研究甚少，缺少足够的参考文献和资料；市场上也无成熟的专用东风螺饲料。在预备试验前，笔者观察到东风螺能直接吸食对虾饲料，但不是特别敏感。与此同时，发现通过驯食东风螺能在设定的食场进行摄食。笔者试从颗粒饲料和粉状饲料两方面对台湾东风螺的最适蛋白需求进行了初步研究，以期为台湾东风螺配合饲料的生产和产业化提供一些参考数据。

一、台湾东风螺对饲料的消化率

柯才焕等在厦门大学海滨实验场，就台湾东风螺对几种饵料和饵料蛋白质的消化率进行了测定比较，以期为该种的人工养殖和配合饲料研制提供基础资料。台湾东风螺购于厦门霞溪市场，壳长约4cm，放养于装有10L海水的塑料盆中，每盆5～10个。实验螺先在室内暂养2d，投喂饵料，以适应环境和饵料的变化。之后饥饿7d，使其消化道排空，取体质健壮者作为实验材料。实验结束后,用托盘扭力天平称取螺重,用游标卡尺测定螺的壳长。选择6种供试饵料:鳗鱼配合饲料(厦门上洪水产饲料有限公司生产,含灰分15%)、甲鱼配合饲料(厦门上洪水产饲料有限公司生产,含灰分16%)、虾肉、枪乌贼肉、菲律宾蛤仔肉、罗非鱼肉(去皮、骨并剁碎)。6种饵料每种购买0.5kg,预处理后放冰箱保存,以保证整个实验阶段使用同一来源的饵料。实验在空调室中进行,水温控制在(25±0.5)℃,海水盐度为27.5,pH=8.0。

结果显示,台湾东风螺对6种饵料消化率和摄食率都有差异(图11-3、图11-4)。

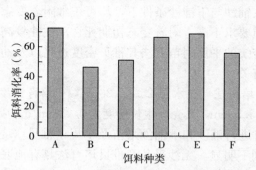

图11-3 台湾东风螺对6种饵料的消化率

A. 菲律宾蛤仔肉 B. 鳗鱼配合饲料 C. 甲鱼配合饲料 D. 虾肉 E. 罗非鱼肉 F. 枪乌贼肉

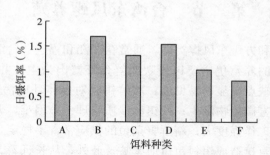

图11-4 台湾东风螺对6种饵料的摄食率

A. 菲律宾蛤仔肉 B. 鳗鱼配合饲料 C. 甲鱼配合饲料 D. 虾肉 E. 罗非鱼肉 F. 枪乌贼肉

综合来看,用鲜饵投喂台湾东风螺的效果比配饵好。配饵日摄食率高,但饵料及饵料蛋白质的消化率却较低。作为鲜饵的枪乌贼肉和虾肉,其本身经济价值高,并且饵料消化率低于罗非鱼肉和菲律宾蛤仔肉,故不宜选为台湾东风螺养殖生产的常用饵料。罗非鱼肉和菲律宾蛤仔肉日摄食量较少,两者的饵料及饵料蛋白质的消化吸收率较高,而它们本身的经济价值与台湾东风螺相比低很多,因此是台湾东风螺养殖生产较适宜的饵料。笔者认为,目前的台湾东风螺养殖试验宜以鲜饵投喂为主。

二、水温对台湾东风螺摄食量的影响

实验的水温梯度用控温仪控制,设置18、20、23、26、30、32、35℃共7组进行。经过7d绝食后投喂乌贼肉,经2h取出残饵,烘干称取干重,计算出日摄食量。结果显示,低温(18、20℃)和高温(32、35℃)下,台湾东风螺摄食都不佳(表11-3)。可见该种人工养殖应尽可能控制水温在 23～30℃，使其能较好地摄食和生长。尤其应注意水温高于 30℃时投饵要控制好，若投饵过多易造成水质败坏。

表 11 - 3　水温对台湾东风螺摄食量的影响

水温（℃）	螺数（个）	投饵量（g）	残饵量（g）	摄食量（g）	平均摄食量（g/个）
18	5	1.2	1.070	0.130	0.03
20	5	1.2	1.027	0.173	0.04
23	5	1.2	0.509	0.691	0.14
26	5	1.2	0.340	0.860	0.17
30	5	1.2	0.098	1.102	0.22
32	5	1.2	0.681	0.519	0.10
35	5	1.2	0.984	0.216	0.04

三、台湾东风螺养殖试验

以优质鱼粉、豆粕等原料制成蛋白质含量不同的 6 组饲料，喂养台湾东风螺，探究不同蛋白水平饲料对其生长性能和体组成的影响。试验所用鱼粉为进口秘鲁鱼粉，豆粕为华农产品，鱿鱼内脏粉系宁波超星生物有限公司产品，试验直接采用对虾维生素预混料和矿物质预混料，由广东海大畜牧水产研究中心提供。维生素 C 多聚磷酸酯（35%）、维生素 E 醋酸酯（50%）均为罗氏公司产品。以优质鱼粉和豆粕等原料制成 6 组饲料，使各组饲料中粗蛋白含量分别为 48.16%、45.64%、40.67%、35.68%、30.80%、25.96%，分别记为饲料 1～6 组，以投喂新鲜野杂鱼（去头和内脏）组作为对照组（7 组）。

试验在广东省湛江市某养殖基地进行，台湾东风螺系同一批亲螺繁育而成，取大小相当的螺作为试验螺。试验前取 50 个螺分别测定体重、螺宽和螺高，取其平均值作为试验初始值。养殖试验在 40cm×40cm×30cm 的泡沫箱中进行，每个泡沫箱底放 4～6cm 的细沙。同时预留约 1/6 的面积不铺沙作为东风螺摄食的食场。在泡沫箱中加海水 20cm，盐度 20～24，养殖期间用增氧泵不间断地增氧。整个试验期间平均水温（29±3）℃、pH8.0。试验共设 7 个处理，每个处理组 3 个重复，每个泡沫箱为 1 个重复，放入 30 个东风螺。每天称取一定量的饲料，用少量的水略软化后投喂东风螺，约 45min 后待东风螺不再摄食，用吸管小心吸出残饵，烘干后称重，计算出东风螺的摄食量；冰鲜饵料则切成约 1cm×2cm×0.5cm 小块直接投喂。养殖期间，每 2d 换水 1 次，试验 15d 后每个重复用电子秤（感量 0.01g）测定体重，并用游标卡尺随机测定 10 个东风螺的螺高、螺宽；试验分别于 27、37、47d 按照同样的方法进行测定。

（一）不同蛋白含量饲料投喂台湾东风螺的生长性能

投喂 15d，试验各处理组间东风螺的体重、螺高并无显著差别；东风螺的螺宽以投喂杂鱼组最小（13.28mm），显著低于饲料 3 组（13.73mm），而各饲料组间东风螺的螺宽并无显著差异（$P>0.05$）。投喂 27d 后，东风螺重呈现显著差异，投喂杂鱼组东风螺的体重已显著高于投喂饲料组；到 37、47d 这种趋势进一步明显，投喂新鲜杂鱼组体重分别达到 2.07 和 2.26g，显著高于同期投喂饲料组；而 6 个投喂饲料组东风螺的体重并无显著差异；试验结束时，各处理组东风螺的螺宽、螺高也呈现类似规律，投喂饲料各组东风螺的螺高和螺宽显著低于投喂冰鲜组，而投喂饲料组间并没有呈现出显著差异（$P>0.05$）。

（二）不同饲料投喂台湾东风螺的组分和氨基酸含量

养殖结束时测定不同处理组台湾东风螺的体组分。尽管不同处理间东风螺体的粗蛋白、粗脂肪、水分有所差异，但均没有达到显著水平（$P>0.05$）。

不同处理组东风螺螺肉的氨基酸组成基本相似，均以谷氨酸最高，其次天冬氨酸、脯氨酸、精氨酸、亮氨酸、赖氨酸、甘氨酸等含量也相对较高。尽管饲料 6 组和对照组东风螺螺肉总氨基酸低于其他饲料组，但不同处理组东风螺肉的氨基酸总量并无显著差异（$P>0.05$）。冰鲜组和饲料 6 组的亮氨酸、异亮氨酸和丙氨酸的含量相对较低，饲料 6 组和对照组螺肉的异亮氨酸与饲料 1 组存在显著差异；饲料 6 组和对照组的亮氨酸和精氨酸含量显著低于饲料 1 组和 5 组；而饲料 6 组螺肉的丙氨酸也显著低于饲料 1 组。相比而言，不同组间其他氨基酸的含量并没有呈现出显著差异（$P>0.05$）。

（三）台湾东风螺对食物的选择性

试验观察到台湾东风螺对食物存在明显的选择性，对鱼块的喜好性要明显高于配合饲料，但经过驯食，东风螺也能快速地找到并摄食配合饲料。在养殖过程中投喂饲料组东风螺的生长性能（螺重、螺宽、螺高）不如摄食鲜杂鱼组，且随着养殖时间的延长，这种趋势更加明显。

直接采用对虾饲料投喂东风螺摄食效果不明显，估计与商品对虾饲料加工过程中的环模压缩比较大，加上生产的前调质和后熟化工艺都极大提高了饲料的耐水性，致使对虾饲料在水体中不容易软化有关。

该研究饲料采用实验室挤条机制粒成型，且投喂前对试验饲料进行了短暂的软化，因而在前 15d 内摄食人工配合饲料组东风螺的生长效果与鲜杂鱼组并无显著差异。但随着养殖时间的延长，投喂饲料组东风螺的生长性能较投喂鲜杂鱼组差异越来越大，这可能与东风螺的摄食习性以及其对食物存在明显的选择性和喜好有关。东风螺依靠伸缩的吻吮吸食物，颚片虽然退化，但齿舌强壮，因此，用鱼肉投喂给东风螺时能较快地摄食；而投喂饲料，则通常需要分泌足够的"唾液"软化饲料后，才能进行真正地吮食。而且饲料过硬，浸泡一旦过软，都会影响东风螺的摄食，甚至导致其离开食场，潜入沙中。与此同时随着东风螺的生长，东风螺的绝对摄食量显著增加，这就需要东风螺分泌更多的"唾液"软化饲料。已有研究证实，东风螺饵料的投喂方法十分重要，鲜杂鱼表皮有韧性，整条投喂效果不好，用刀把小鱼切成块状，增加东风螺的摄食面积，可提高生长性能。有学者认为东风螺最佳的投喂方法是将杂蟹和杂虾（去壳）、杂鱼打成肉糜后（根据东风螺个体大小制成不同规格的颗粒）投喂。相比而言，配合饲料均经过挤条机成型，饲料无法在水体中充分地展开，且饲料中水分相对较低。这些都直接或间接影响了东风螺的摄食、消化和生长。

（四）台湾东风螺对饲料蛋白的需求

25%～48%不同蛋白水平饲料组对东风螺的生长并无显著影响，但不同蛋白饲料组的饲料系数还是呈现出随着饲料蛋白质含量的增高而降低的趋势，尤其体现在 27d 和 37d，与此同时，37d 前饲料的蛋白质效率虽没有显著差异，但也呈现出随饲料蛋白水平增加而逐渐升高的趋势。这些都较好地反映出东风螺生长过程中对饲料利用的一致性，且表明东风螺对饲料的利用率与饲料中蛋白质的质与量有关。在 47d 养殖过程中，粗蛋白含量为25.96％饲料组，饲料系数显著高于其他蛋白水平组，而蛋白质效率显著低于其他饲料组。因此，从饲料利用率和生长综合分析，初步可推断出东风螺对蛋白质的需求不应低于25％。否则就可能因东风螺对饲料的利用率降低，进而影响东风螺生长，同时造成饲料浪费。

该研究饲料中蛋白含量从 25％到 48％增加，东风螺的生长并没有受到显著的影响，相反其饲料利用率有一定程度的提高，而且不同蛋白水平的饲料对东风螺的常规体组成均无显著影响，这都说明东风螺对蛋白的耐受范围较广。但从氨基酸层面分析，不同蛋白饲料对东风螺螺肉中的部分中性氨基酸和精氨酸的含量产生了显著影响，蛋白质含量低的饲料组，东风螺螺肉的中性氨基酸含量通常较低。

―――――――――――――――――――― 参考文献 ――――――――――――――――――――

柯才焕，符艳，汤鸿，等，1997. 波部台湾东风螺对饵料的摄食和饵料蛋白质的消化率 [J]. 海洋科学，5：5 - 7.

刘德经，肖思祺，1998. 台湾东风螺生态学的初步研究 [J]. 中国水产科学，5 (1)：93 - 96.

刘立鹤，陈立侨，董爱华，等，2006. 不同蛋白水平饲料对台湾东风螺生长性能和体组成的影响 [J]. 水产科学，25 (12)：601 - 607.

苏天凤，黄建华，陈丕茂，等，2006. 台湾东风螺和方斑东风螺蛋白质氨基酸组成和营养价值比较研究 [J]. 南方水产，2 (3)：57 - 61.

吴进锋，张汉华，陈利雄，等，2006. 台湾东风螺人工繁殖及苗种生物学的初步研究 [J]. 海洋科学，30 (9)：92 - 95.

郑怀平，朱建新，柯才焕，等，2000. 温盐度对波部东风螺胚胎发育的影响 [J]. 台湾海峡，19 (1)：1 - 5.

第十二章
泥东风螺人工育苗及养殖

第一节 泥东风螺人工育苗

泥东风螺俗称黄螺，别名甜螺、香螺，是福建和广东沿海常见的具有较高经济价值的食用贝类。其肉质鲜美，营养丰富。近年来，由于过度捕捞，产量已大幅下降，因此，开展泥东风螺人工育苗与养殖，有重要意义和前景。泥东风螺属腹足纲、前鳃亚纲、新足目、蛾螺科。贝壳呈长圆形，壳质厚而坚实，螺旋部呈圆锥形，体螺层膨大，壳面光滑，呈黄褐色。主要分布在福建和广东沿海，栖息于潮下带泥沙底质的海区，营底栖生活。白天通常潜伏于沙中，夜间活动。为肉食性种类，在自然海区摄食鱼虾贝等。在海水盐度25～30 能正常生活，水温 13～34 ℃ 能存活，低于 17 ℃或高于 32℃ 停止摄食或摄食减少。泥东风螺为雌雄异体，体内受精。自然海区 3—9 月均有繁殖，4—6 月为繁殖高峰期。雌体一次排放卵囊 40～100 个，并可多次排卵。

一、泥东风螺亲螺及产卵

自然海区中，泥东风螺可以用竹笼诱捕和拖网捕捞。诱捕法收集的亲螺贝壳完整，几乎没有受伤个体，比较适合作为亲螺。拖网捕捞的泥东风螺，由于拖网时的挤压，容易造成腹足和鳃部受伤，甚至贝壳破损，这种方法捕捞的泥东风螺死亡率较高，不宜用作亲螺。

人工养殖的泥东风螺，一年左右可达性成熟。可以挑选生长速度快、个体大、贝壳完整、腹足健壮、活力强的个体作为备用亲螺。

自然海区中，泥东风螺个体较大，选择壳高 5.0～7.5cm、体质量 30～60g、贝壳完整、色泽鲜艳活力好的个体作为备用亲螺。人工养殖的泥东风螺个体较小，通常选择壳高3.5cm 以上、体质量 10g 以上的个体作为备用亲螺。

蓄养亲螺在育苗前 1～2 个月开始。亲螺按 2.5kg/m² 的密度放入铺有 6～7cm 细沙的水泥池中蓄养。采用充气流水饲育，每晚投喂新鲜的海杂鱼或螃蟹，次日清出残饵。每天早上换水 1/3，每周洗池 1 次。

冯永勤等（2006）报道，2005 年 3 月 15 日收购从琼海市沿海诱捕的 465 个泥东风螺为亲螺，其壳高 5.5～7.3cm、体重 31～56g。亲螺放养于 7.5m×3.5m×1.2m 的室外水池中培育，水池底部铺有沙层 8cm，水深 70cm，水池上方设有 90％遮光率的遮阳网，避兔阳光直射。亲螺放养后，以虾、蟹、鱿鱼和沙蚕为饵料，每天早晚各投 1 次，日投量为亲贝体重的 5%～8%，投喂 2～3h 后清除残饵。连续流水与充气，日流量为培育水体的 2～3 倍。当发现池底沙层发黑时，把亲螺迁移到另一个铺有干净沙层的水池中继续培育。

　　亲螺经过 18d 的营养强化培育后，开始自然交配与产卵。雌性亲螺所产卵囊附着于池壁上，由于泥东风螺卵囊短小，收集卵囊较为困难，经试验采用直径 11cm、长 10～15cm 的塑料水管为采卵器，放于池底沙层上面进行采卵。亲螺连续产卵囊，3d 必须采集一次，产于池壁上的卵囊采用锋利刀片刮取，卵囊放在 0.3cm 网目的塑料篮中；产于塑料水管壁上的卵囊连同塑料水管一同采收，采收的卵囊用过滤海水冲洗干净。塑料篮中和塑料水管上的卵囊均以塑料泡沫为浮子漂浮于孵化池中孵化，待幼虫即将孵化出来之时，再移到育苗池中孵化。

二、幼虫培育

　　育苗池规格 5.0m×4.0m×1.8m 和 7.8m×4.0m×1.8m，水深 1.3m。受精卵经 5d 的孵化，面盘幼虫从卵囊的顶端破囊而出进入育苗水体中，幼虫放养密度为 0.09～0.13 粒/mL。面盘幼虫浮游阶段以云微藻、亚心形扁藻、螺旋藻粉、虾片为饵料，每天投喂单胞藻 2 次，日投量为 $(4\sim6)\times10^6$ 个/mL，螺旋藻粉和虾片等非单胞藻饵料日投量控制在 0.3mg/L 之内。当面盘幼虫经 10～14d 培育出现面盘萎缩、面盘纤毛脱落和水管形成等变态特征时，除投单胞藻外，还添投螺旋藻粉、虾片和冷冻后的卤虫无节幼体，使幼虫能顺利从摄食植物性饵料转化为摄食动物性饵料，提高后期面盘幼虫的变态率。幼虫培育过程采取适量投放饵料、投放有益微生物和连续充气等措施保持良好水质。幼虫培育过程少换水甚至不换水，如换水是在幼虫培育 10d 后才开始，日换水量 10%～20%。一般幼虫孵化后培育 14～16d 全部变态为底栖生活的稚螺。

三、稚螺培育

　　泥东风螺幼虫变态为底栖生活的稚螺之后，刚变态的稚螺仍在原育苗池继续培育 4～7d。这期间主要投喂冷冻后的卤虫无节幼体，兼投虾片、螺旋藻粉、牡蛎与虾肉糜，日投饵 4～5 次。然后排水收集已变态 4～7d 的稚螺，移到规格为 6.0m×4.0m×0.9m 和 12.0m×4.0m×0.9m 的室外育苗池进行培育。稚螺放养之前，先在室外育苗池底铺设 3～5cm 的细沙层，水池上方设 90% 遮光率的遮阳网，然后进 50～60cm 深的海水，再把稚螺均匀撒于池底，放养密度为 6 041～17 916 粒/m²。前期以虾、蟹、贝、鱼肉糜为饵料，后期以剁碎的鱼、虾、贝肉为饵料，每天上下午各投饵 1 次，投饵后停流水与停充气 1h。日流水量为育苗水体的 150%～200%。每 3～5d 冲洗池底沙层 1 次，保持良好底质。稚螺放养于室外有沙底育苗池后，经 38～54d 培育至壳高达 0.6～1.7cm 的规格，作为苗种进行养殖。

四、泥东风螺育苗特点

　　泥东风螺产卵习性与台湾东风螺一样，不喜欢把卵囊产于沙粒上，而喜欢爬上池壁产卵，卵囊整齐排列黏附于池壁上，而方斑东风螺喜欢产卵囊于沙面上。由于泥东风螺卵囊与台湾东风螺一样为无柄卵囊，用锋利的刀片从池壁上刮取时也容易划破卵囊，使卵囊采集有一定的困难。采用塑料水管放于池底作为采卵器后，约50%雌性亲螺爬于塑料水管内外的壁上产卵，从而有效地减少采集卵囊的工作量，并避免因卵囊破裂造成的受精卵孵化率降低。

幼虫培育一般采取每天换水改善水质的方法，但经常换水容易造成外来细菌和纤毛虫的入侵，使幼虫感染病原体而发生大量死亡。在泥东风螺育苗过程中，为了避免病原菌感染和纤毛虫类大量繁殖造成育苗的失败，应在育苗水体中投放有益微生物净化水质，在面盘幼虫培育过程不换水或少换水，使幼虫培育过程中极少出现大量附着纤毛虫类或感染病原菌造成的育苗失败，有效提高育苗的成功率并降低育苗成本。

泥东风螺人工培育的稚螺死亡高峰期主要出现在刚变态的稚螺至壳高3mm的生长阶段。其原因主要有两方面：一是刚变态的稚螺食性从植物性饵料开始转换为动物性饵料，是否能顺利完成食性的转换关系到刚变态稚螺的存活问题，往往在稚螺刚变态几天内容易出现大量死亡。二是泥东风螺稚螺与方斑东风螺一样也有着爬离水面的习性，并且在壳高3mm之前很不耐干露，如稚螺露空时间过长也容易发生死亡。针对以上问题采取如下措施：一是稚螺在变态1周内，以冷冻的卤虫无节幼体为主要饵料，添投虾片、螺旋藻粉和牡蛎肉浆，每天投饵4～5次，以满足刚变态稚螺的营养需要，并使稚螺能够顺利完成食性的转换。二是为了避免稚螺爬离水面，在育苗池水面设10cm宽的筛绢阻拦网，有效阻拦稚螺爬离水面。并定时用海水冲洗露空稚螺，避免干露发生死亡。采取以上措施有效地提高了稚螺培育的成活率。

郑雅友等（2013）报道，泥东风螺人工育苗中有2个时期死亡率很高，一是浮游幼虫转为稚螺的变态期，二是稚螺初期至壳长5mm的时期。为此，该团队以不同饵料投喂平均体重3.7mg、平均壳高（2.24±0.24）mm的泥东风螺稚螺。饵料共设6组，其中分别以太平洋牡蛎、远海梭子蟹、竹筴鱼、南美白对虾和卤虫幼体为单一饵料组，共5组，另一组以上述饵料每日一种轮流投喂。每组设2个平行，每桶200粒幼螺。实验水温28.0～28.5℃，不间断微充气，每天早上、傍晚各投饵一次和换水一次，每次换水量100%，每日每桶投饵量前期0.15～0.5g，后期0.5～2g，根据各组的残饵情况增减。经30d的投喂实验，结果表明：体长、体重、日均增长量、日均增长率以及存活率等综合指标，单种饵料投喂以太平洋牡蛎组效果最好，远海梭子蟹组次之；竹筴鱼组的存活率高于南美白对虾组，其他指标接近；卤虫最低；而混合投喂组综合指标在全部实验组中位列第二。方差分析表明，投喂不同天然饵料，泥东风螺稚螺的生长速度差异极显著（$P<0.01$）。

第二节　泥东风螺养殖

泥东风螺的养成和方斑东风螺类似，可采用室外水体较大的水泥池，池底铺上5～7cm的细沙，经过清洗消毒后，便可将螺苗投入池内养殖。

稚螺经过1～2个月的培育，壳长已达1cm以上，将螺苗从标粗池中清出。按1 000～1 500个/m² 的密度，均匀投入养殖池。养成过程采用流水充气的方式，池水水位保持在 50～70cm。

饵料采用新鲜的海杂鱼或螃蟹。投喂前需将海杂鱼、螃蟹洗干净，切成小块。每天投喂 1 次，傍晚时投喂，次日早上将残饵捞出，并根据残饵量调节每天的投喂量。每天保持 1～2 倍的换水量，避免阳光直射池中，池顶应拉好遮阳网，防止池内绿藻的大量滋生。

泥东风螺的养成中，在高温季节易发生"走肉"病，即螺体的软体部与壳分离。此病发病率高，死亡率也高，主要是由水温升高、底质恶化造成的。因此在高温季节首先要加大换水量，勤冲洗池，保持养殖池内水环境的良好。其次要控制好投饵量，饵料要采用新鲜的海杂鱼，投喂前要用 PVP-I 水溶液消毒。在养成过程中要定期消毒处理。发病时可用 2～3 mg/L 土霉素对病螺进行药浴，连续用药 3～5d。同时做好各池的消毒工作，避免交叉感染。要注意防止纤毛虫的危害。

泥东风螺个体体重 10g 左右即达到商品规格，可以收获。收获时将池水排干，工人下池将泥东风螺从沙中翻出，挑出符合商品规格的个体，小螺则留池继续养殖。泥东风螺在投苗后，经过约 10 个月的养殖，均可达到商品规格。

泥东风螺除了水泥池养殖外，也可以进行滩涂围网养殖。钟春雨（2008）报道，2004 年以来，在广东湛江硇洲镇北港浅滩进行围网养殖技术的探索。其间围网养殖面积共 8 亩，平均亩产 1 100 kg，平均每亩获利 6.5 万元，取得较好的经济效益。

选择受台风影响较小的海区浅滩，滩面以沙质为佳，含沙率 70% 左右。大潮干露时间为 1～2h，海水盐度 14～34，无淡水流入。放苗前用机械将滩面整平，人工清除钉螺、杂蟹等敌害生物，再使用高浓度漂白粉或生石灰处理滩面，1 周后可放苗养殖。

围网采用双层网，网高 60cm，前后网间距 80cm。网衣采用聚乙烯无结网，网目 0.6cm，网衣宽 100cm，网片上下各用一根直径 8cm 的聚乙烯绳连接，网片下纲埋入滩面 40cm，每隔 150cm 用网桩固定。网桩选用长 150cm，小头直径 6cm 的松木，插入滩面 60cm，以固定网片，围成 20m×20m 的方形围栏。

选择当年培育健康种苗，螺苗体长大于 1cm，螺壳色彩鲜艳，活力强。采用干运法运输螺苗，每个网袋装苗 0.5kg，置入泡沫保温箱。如果长途运输，则需要充氧包装，并加入冰块降温。运到养殖海区，成活率一般达 99% 以上。放苗前预先了解天气情况，避开大风、暴雨等恶劣天气。放苗时间选在低潮时，滩面水位 30cm 左右，放苗密度 500 粒/m^2，将螺苗均匀撒入围栏中。

饵料以新鲜海杂鱼、螃蟹和小虾为主。饵料每次投喂量为螺体重的 5%～10%，并根据摄食情况增减。每天低潮位、围网水位在 20～40 cm 时投饵。如果水位高于围网，所投饵料易随海浪漂出围网，造成浪费，还会导致螺苗顺着围网爬出围栏外。投饵前需彻底清除残饵。只要潮位适合，都可进行投饵。经常检查东风螺的摄食情况，及时调整投喂量，并做好记录。投饵时注意观察螺苗的活动情况，发现异常或死亡的螺苗，要及时查清原因，采取相应的措施处理。经常检查围网设施，清除附在网片上的杂物和海藻，防止网目堵塞，确保围栏内外水流畅通。大风浪天气后，要及时平整围栏脚滩面。台风季节注意加固网桩，修补网衣，防止螺苗"集体逃跑"。在夏季，注意防高温和暴雨。养殖过程中，螺苗长到 400 粒/kg 时，要及时将螺苗按 300 粒/m^2 分疏养殖。

病害防治坚持以预防为主。在选择海区时，尽可能远离污染，选择潮流畅通、水质好的海域。加强养殖管理，掌握好投饵量，尽可能使用新鲜饵料。高温季节要及时清除残饵，定期投喂药饵，及时分疏螺苗，降低养殖密度。每月用二溴海因或溴氯海因对滩面进行消毒处理。

经过 1 年时间的养殖，泥东风螺规格达到 160 粒/kg，即可进行起捕。采取捕大留小原则，可用捕蟹笼进行诱捕；也可在低潮时、投饵后，待东风螺爬出吃饵时进行捕获。将捕获的东风螺用海水洗干净，放入泡沫箱中，干法运输。高温季节运输时要在箱中放入冰袋降温。运输时间控制在 24h 内。

第三节　泥东风螺底播增殖

目前，采用底播增殖的种类有虾夷扇贝、魁蚶、毛蚶、菲律宾蛤仔、皱纹盘鲍等。叶泉土等（2015）报道了泥东风螺小面积（2m²）增殖实验。试验结果显示，泥东风螺幼螺底播 475 d，壳高、体重分别达到（28.42 ± 3.78）mm、（4.94 ± 2.06）g，成活率为 71.43%。

底播增殖是指将人工培育或中间培育的人工苗种投放到环境条件适宜的海区，使其自然生长，达到商品规格后再进行回捕的资源增殖方式。底播增殖是最接近水产动物自然生活状态、投资少、风险低、操作简便、经济效益高的一种生态增养殖方式。底播增殖具有以下优点：①底播密度低、不投喂饵料，保障底播品种在海区中自然生长；②是一种健康的增养殖模式，充分利用海水的自净能力，保证了底播品种的质量和安全，可以有效防止病害发生；③底播场所位于海底，水温较低、温差变化较小，尤其适于冷水生物；④受自然海区环境变化影响较小；⑤是可持续发展的增殖方式。底播增殖也有自身缺陷：①底播品种生长周期较长，产品一般需要 2～3 年才能上市；②自然海区的养殖容量决定了底播增殖密度，不同海区的环境条件差异较大，水温差异及变化影响着饵料生物数量及分布；③养殖密度可能存在着关联作用，共同影响着底播品种的生长和存活。

2013—2014 年泥东风螺的海区底播试验表明，在一定密度范围内（5～20 粒/m²），底播密度对泥东风螺幼螺的生长没有显著影响，各密度试验组之间个体差异不显著。这与毛蚶幼贝底播的研究结果不同，与红鲍幼鲍底播的研究结果相似。这可能与底播海区、增殖方式、投饵与否等因素有关。有研究认为，在自然海区中，较高的或较低的种群密度均不利于种群的生长和存活。

该研究将泥东风螺幼螺装入底播框投放到海底，底播框周围包裹筛绢网，且试验过程中没有投喂饵料，幼螺仅能摄食从筛绢网孔进入的饵料生物。因此，其生长速度较在底播框外海区螺苗的生长慢，这也可能对该试验结果造成影响。除 2013 年 6 月 18 日的试验结果显示底播密度对泥东风螺幼螺存活率有影响外，其他试验结果均显示底播密度对泥东风螺幼螺存活率没有显著影响，泥东风螺幼螺的存活率未随底播密度的增加而显著降低。因此，在相同海区环境条件下，在适宜的底播密度范围内，底播密度可能对相同规格个体的存活率没有产生显著影响。该研究依据黄岐湾生境调查结果（包括海区环境、饵料生物、敌害生物、泥东风螺种群数量及分布等）和拟进行的增殖放流泥东风螺苗的数量确定泥东风螺幼螺底播试验密度。结果表明 5～20 粒/m² 应是泥东风螺适宜的海区底播密度，在此密度范围内，底播密度对泥东风螺幼螺的生长和存活没有显著影响。

目前，海洋环境恶化和野生资源的过度捕捞导致渔业资源日益衰竭，以增殖放流为手段开展海区生物种群修复已势在必行。该资料可为泥东风螺增殖放流及底播增殖提供参考，对泥东风螺的资源保护和开发利用具有一定意义。

参考文献

杜尚昆，杜桂芝，2010. 毛蚶幼贝底播密度试验［J］. 河北渔业，193（1）：22-23.

冯永勤，王建勋，廖威，2006. 泥东风螺人工繁育技术研究［J］. 科学养鱼，（4）：35-36.

李永民，王向阳，刘义海，等，2000. 虾夷扇贝底播增殖技术［J］. 水产科学，19（2）：27-31.

柳忠传，张贤励，王尊清，1995. 虾夷扇贝底播增殖技术［J］. 海洋科学（1）：14-16.

任一平，徐宾铎，郭永禄，等，2005. 胶州湾移植底播菲律宾蛤仔的生长和死亡特性［J］. 中国水产科学，13（4）：642-649.

宋志乐，孙永杰，赵玉山，等，1999. 砂海螂底播增养殖的研究［J］. 中国水产科学，6（2）：70-73.

孙鹏飞，刘杰，王卫民，等，2009. 浅海底播养殖魁蚶试验［J］. 河北渔业，190（10）：42，54.

王义荣，冯月群，2002. 皱纹盘鲍底播增养殖技术［J］. 齐鲁渔业，19（10）：11-12.

于瑞海，李琪，2009. 无公害魁蚶底播增养殖稳产新技术［J］. 海洋湖沼通报（3）：87-90.

袁秀堂，张升利，刘述锡，等，2011. 庄河海域菲律宾蛤仔底播增殖区自身污染［J］. 应用生态学报，22（3）：785-792.

张起信，1991. 魁蛤的人工底播增殖［J］. 海洋科学（6）：22-23.

郑雅友，曾志南，刘波，等，2013. 几种天然饵料对泥东风螺稚螺生长、存活的影响［J］. 福建水产，35（4）：301-305.

钟春雨，2008. 泥东风螺围栏养殖技术［J］. 中国水产（3）：57-58.

图书在版编目（CIP）数据

东风螺多营养层级综合生态养殖技术 / 温为庚，赵旺，于刚主编 . —北京：中国农业出版社，2023.6
ISBN 978-7-109-31142-8

Ⅰ．①东…　Ⅱ．①温…　②赵…　③于…　Ⅲ．①螺—海水养殖　Ⅳ．①S968.2

中国国家版本馆 CIP 数据核字（2023）第 180509 号

中国农业出版社出版

地址：北京市朝阳区麦子店街 18 号楼
邮编：100125
责任编辑：杨晓改　　　文字编辑：蔺雅婷
版式设计：王　晨　　　责任校对：吴丽婷
印刷：中农印务有限公司
版次：2023 年 6 月第 1 版
印次：2023 年 6 月北京第 1 次印刷
发行：新华书店北京发行所
开本：787mm×1092mm　1/16
印张：10　　插页：2
字数：237 千字
定价：98.00 元

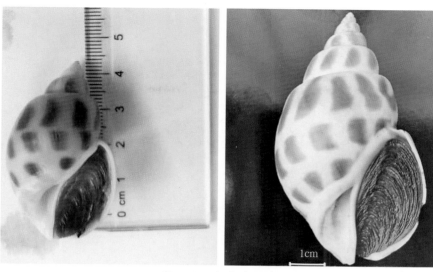

彩图1 方斑东风螺

左：幼螺；右：大螺（杨文等，2013．中国南海经济贝类原色图谱）

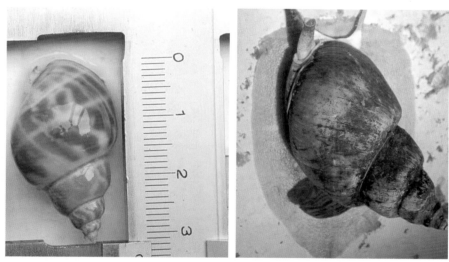

彩图2 台湾东风螺

左：幼螺（由陈利雄提供）；右：大螺（由陈利雄提供）

彩图3 泥东风螺

左：产卵螺（由冯永勤提供）；右：大螺（杨文等，2013．中国南海经济贝类原色图谱）

彩图4　东风螺养殖池中混养海参

彩图5　东风螺养殖池中混养江蓠

彩图6　东风螺养殖常用沙滤井

彩图7　东风螺养殖常用池子

彩图8　不同藻类一级培养（保种）

彩图9　不同藻类二级培养

彩图10　不同藻类三级培养

彩图11　收集东风螺卵囊于塑料筐，
置于孵化池孵化

彩图12　患肿吻症的方斑东风螺，示吻管水肿、偏红色（由赵旺提供）

彩图13　正常东风螺（左）和患翻背症的东风螺（右）（由赵旺提供）

彩图14　排干池水，准备收获东风螺　　　　彩图15　收获东风螺

彩图16　常见的东风螺养殖场